我的人生
我做主

十七位财富精英的人生感悟

Master
your own life

DISC讲师团◎著

九州出版社
JIUZHOUPRESS

图书在版编目（CIP）数据

我的人生我做主 ：17位财富精英的人生感悟 ／
DISC讲师团著. －－ 北京 ：九州出版社，2010.3
ISBN 978-7-5108-0356-7

Ⅰ．①我… Ⅱ．①D… Ⅲ．①成功心理学－通俗读物
Ⅳ．①B848.4-49

中国版本图书馆CIP数据核字（2010）第038261号

我的人生我做主——十七位财富精英的人生感悟

作　　者	DISC讲师团　著
出版发行	九州出版社
出 版 人	徐尚定
地　　址	北京市西城区阜外大街甲35号(100037)
发行电话	(010)68992190/2/3/5/6
网　　址	www.jiuzhoupress.com
电子信箱	jiuzhou@jiuzhoupress.com
印　　刷	北京燕泰美术制版印刷有限公司
开　　本	710毫米×1000毫米　16开
印　　张	21
字　　数	232千字
版　　次	2010年3月第1版
印　　次	2010年3月第1次印刷
书　　号	ISBN 978-7-5108-0356-7
定　　价	32.00元

目 录

（圆形图案文字：人脉、工作、休闲、学习、心灵、健康、理财、家庭）

第一章　用实力把握机会

生命创造无极限——李兵珂 ······························· 2

在我的惯性信念中，凡是要做的事就必须让自己做
到最好；同时，还要通过不停尝试新的挑战来不断提高
自己的各方面能力。

危机就是危险与机遇并存，最重要的是要勇于面对，积极地寻求解决之道，我相信上天对你关上一道门，它会为你打开一扇窗！

这些年来，我不停地摸索，鼓励自己勇敢执著地追求，我愈来愈相信我来到这个世间是有使命的！

你们可以现在就拿出笔来，写下自己的长、中、短期梦想。无论是近期的梦想，或是很远的梦想，都要用笔写下来，让切实可行的理财计划来助你完成！

第二章　用努力开创成功

总而言之，观念落后，是由于眼界和思维不能与时俱进；并非不进步，而是进步得比别人慢，也就是"差不多"，但实际上差远了。

克己耐人非我弱，忠心受道任他强——林俊杰 ………… 156

想法影响世界，想法创造无限！

积极制造机会，奇迹自然发生！

开垦人生的田园地——陈丹萍 ………………… 167

其实，企业要做强做大，总离不开搭档、团队的共同努力。在过往这些合作过程中，我曾经因为自己对钱财抱不计较的态度而吃了亏，也曾经深深地体会到搭档之间同舟共济的可贵之情。

用爱耕耘人生，用心上好每一课——耿江丽………… 179

民无信不立，家无信不睦，国无信不兴。成功之道
就在"恪守诚信"。

性格影响命运——赵彦平…………………………… 202

首先要充分了解自己，只有了解自己才能真正地发
展自己；其次要了解客户，只有了解客户才能根据客户
的性格进行有针对性的沟通、谈判、销售和服务。

一颗感恩的心——郑嘉仪 ………………………… 226

急事，慢慢地说；大事，清楚地说；小事，幽默地说；

没把握的事，谨慎地说；没发生的事，不要胡说；

做不到的事，别乱说……

一路风景，跌打滚爬——王煜贤 ………………… 236

偏心就是人的原动力，当自己能改变偏心时我们就

会自动自发地行动，所谓的阻力就变成了动力。就像一

块石头，它可以是绊脚石，也可以是垫脚石。

第三章　用思索升华人生

不管在家人中或是朋友、同事中，要享受相处的乐趣，就必须先懂得付出，要明白付出不等于被占便宜，它只不过是主动的先行举步。

因为孩子和父母的关系是互动的，在大家相处的过程中，自己扮演着什么角色、感觉如何、大家的性格类型是互相补充还是互相抵触，都要细心考量。

注：文章和讲师排序不分先后

财富人生

在《人生八大财富》一书中，我们围绕健康、心灵、工作、休闲、家庭、学习、理财、人脉等八个方面，分享了各个领域中各有所得的人生故事。《我的人生我做主》是这个企业家书系中的第二本，我们尝试从新的思路去审视所谓"财富"的意义——它本身是一个无法衡量的名词。

在历经了"向钱看"的社会风潮后，渐渐地，我们身边也出现了这些不乏智慧的大白话："钱多钱少，够吃就好。人丑人美，顺眼就好。人老人少，健康就好。家穷家富，和气就好。博士也好，卖菜也好，心安就好。"人生有时正如浪拍岸，浪大浪小，遗珠沿岸，留人拾掇。

从另外一个角度看，经济是由个体经济活动所组成的。身处其中，我们不知道包括你我在内这些不断奋进、如工蚁般忙忙碌碌的活跃因子，会不会有朝一日在这庞大蚁巢中爬到顶端。"李嘉诚也是从黏胶花开始"——这句激励过无数香港以及珠三角年轻人的话语，蕴含着亘古不变的真理。正如那些唠唠叨叨的大娘们的众口一词："宁欺白须公，莫道少年穷。"

这本书讲述了十七个不同性格、不同社会背景、文化背景以及专业领域的人各自的人生故事或感悟。他们当中有大企业家、小企业家、专业人士、教师、小店主、职员……他们用自己的笔触，描绘出各自的抱负与行动，用高清的显微镜呈现出微观的经济活动。他们在逆境中奋力争游，而我们这些摇旗呐喊助威者，又何尝没有从中感受到生命能量的爆发？特别值得一提的是，这次的十七位作者中有十位来自香港。

DISC 的理论根源最早可以追溯到古希腊时代，但理论成型却是在上世纪二十年代的美国。现代 DISC 理论首先出现在 1920 年威廉·摩顿·马斯顿《常人之情绪》。 DISC 分别代表了可测量的四项重要性向因子，这四项因子分别为支配（Dominance）、影响 (Influence)、稳健 (Steadiness) 与服从 (Compliance)，而这套方法也是以这四项因子的英文名第一个字母而命名为 DISC。这就是 DISC 的由来。书中每篇文章后面的 DISCUS（DISC 测试软件）性格分析报告也是基于这个理论的。

不同于上一本书从所长着手，这一本书引入了一个重要的经济概念——"泛珠经济"。我们欣喜地看到港粤经济交流频繁，两边企业家之前却鲜有合集出版。这乃一大幸事！如果在此之前，大家对香港的印象还停留在"金融中心"、"娱乐"、"购物"、"特区"的话，在这本书中，我们将看到一个个鲜明的香港人的所思所想，那些活生生细致入微的生命感悟更加动人。从前，都是香港人到大陆来投资办厂，而随着香港回归的时日渐长，随着"泛珠经济圈"的悄然兴起，香港人和他们的经济活动与我们的联系越来越紧密。在这种紧密中，蕴含着隐隐作动的商机。对于这一点，深广两地的商人们尤其心痒难止。

想到香港人，不禁会联想到北京人、上海人，概念总是在对比中凸显，但是概念往往又阻挠我们对真相细节的关注。书中除了香港人，更有来自各地的企业家，各自有各自的细节和真实想法，闪烁着真相的各个侧面。

我们尝试从这些人当中获取到奋进的力量，读别人的故事，暂时从自己的生活中挣脱出来，用旁观者的心态去看待生活的本来面貌——原来这个世界是由各式各样不一样的个体所组成。六十亿，大不同——不同的生活环境、不同的关注点、不同的忧虑、不同的快乐……我们永远不知道下一个马云正站在茫茫人海中的哪一个角落默默耕耘，但总有人性是相通的，终得这书的泛珠人生。

人脉

家庭

工作

理财

休闲

健康

心态

学习

第一章

用实力把握机会

生命创造无极限

李兵珂

（"潜力苏醒——无极限团队特训营"创始人　NLP国际执行师）

编者按：李兵珂先生声如洪钟，他说自己的英文名字叫"大红鹰"Gavin。这是他的一位美国老师给他起的绰号，他自己非常喜欢。

在我们请他回忆自己以往经历之时，这位充满活力的汉子竟然想不起许多细节。他记得的，只有一些刻骨铭心的感受和场景，而事情本身，早已被他抛诸脑后。或许正因如此，他才能一直保持着冲刺般的速度永不停歇地向着未来奔去。

他一再问我们，他的那些记忆，到底是否真的能带给别人帮助。看得出，他不喜欢做只图虚名没有意义的事情。我们回答说只要真实，自有动人的力量。因此他努力地回忆着，不肯掺一点水分。尽管我们极希望他的警察故事里可以有更多的英雄主义色彩，他却羞赧地说："我当时哪有工夫去想其他，现在更想不起来了。只记得一直在追，一直在追，眼里啥东西都是晃的……"

但是不久之后，他就开始像一个警察追踪歹徒一般，追着我们再给他更多的修改意见。而我们实在已经是黔驴技穷。真实，的确是任何华丽技巧都无法取代的力量。

感悟："干不完的活，吃不完的饭"

被拥挤在人群中。

向上看，是大人们冷漠的下巴和铜墙般身体；向下看，是沾满尘土的灰蓝裤腿和慢慢挪动着的鞋群；身体被左右两边推推搡搡地摇晃着向前挪动；仅有一只脚的落脚之地，我只能睁大眼睛地努力寻找下一个，下一个空出来的脚印。小小的我徒劳地挣扎着，体会着第一次独自寻求生存空间的无力感，没有一丝空气让我可以呼吸了，耳朵轰鸣着，内脏都仿佛要爆开了……

狂吼，猛然让我的喉头发热；狂舞，顷刻让我的四肢剧烈旋动；顿时，我争取到了空气和空间！

第一次赶集的经验，成为我体验奋力和奋力后酣畅的人生演习。

跑着，我去田里，眼睛急迫地寻找他……

走着，我去田里，眼睛急迫地寻找他……

玩着，我去田里，眼睛急迫地寻找他……

骑着单车，我去田里，眼睛急迫地寻找他……

骑着摩托车，我去田里，眼睛急迫地寻找他……

开着汽车，我去田里，眼睛急迫地寻找他……

我从四五岁开始到十五岁，和他之间，总会在这样的固定形式中互动。

他，是我爷爷。

我总要做的是，到田里，叫他回家吃饭。

话，很少；活，永远干不完。这就是他给周围所有人的固定印象。爸妈是中医，给人看病，到田里劳作的时间有限。靠勤劳的爷爷

3

一个人，就可以让我们家田中的收获远超过邻居一家人的劳动成果。等到不再下田的农闲时分，爷爷便在家中修整田具，修理桌椅，拾掇小院子……"干不完的活，吃不完的饭"，勤劳是爷爷心目中保证生存的硬道理。即使在春节，人人休息，家家放假，他也依然默默地保持着自己繁忙的劳动状态，直到他永远地躺下，不再起来。

等到我成年后，开始慢慢懂一些事情。爷爷的信念原来已经潜移默化，深深根植在我身上。在我的世界里，没有行动，没有创造价值，就会有压力和强烈的罪恶感；在我的行为模式中，急迫、快、不静止，我才舒服安然。

孩童时期的重要经历和人物，总是影响长大后的我们。每个人不同的人生价值观和行为模式，都以童年经历为契机，当然那也是成就我们或局限我们的源头。

艰辛：十一岁的人力车夫

老师们曾说我是个不听话的好学生。学得快，成绩好，但常常生出事端，不让人省心，对我是又爱又恨。我和两个学习极好的姐姐比赛谁的奖状多，直到把家里的墙壁贴得满满当当。在这样充满童趣的家庭竞争氛围中，最让我扬眉吐气的一次是代表学校参加市里的歌咏比赛，得了第一名，那次连一向严肃的校长，都满脸放光地盯着我使劲笑，感觉像是换了一个人。

有一次，高年级同学欺负我们班里的小个子，我挺身而出，与他们发生了激烈的冲突。学校老师一锅端，对我进行了处罚。这让我感到非常愤慨。在年级老师办公室里，我看着这些平日里如此亲切熟悉的老师，如今却仿佛凶神恶煞一般。我感到莫名的委屈，全身的细胞一起呐喊："不公平！不公平！不公平……"我扭身狂奔回教室，背起书包，将书桌（当时我们学校的桌凳由学生自己家买）高高举起——回家！头顶着书桌，背起书包，雄赳赳气昂昂，我从同学们端端正正坐着的教室走道中穿过。赶来的校长和老师们都惊愕地瞪大眼睛，不知作何反应。而我却一步步，像个勇士一般高仰头颅，坚定地向前。就这样，我离开了同学，离开了老师，离开了学校……

十一岁，我的社会生涯便开始了。

一辆机动三轮车，载人又载货，是我人生的第一份职业。年纪小，人们因此充满了好奇心与同情心，我也借此能比别人多揽几趟活。但同时，也很容易被人欺凌被人占便宜。

记得有一个寒冬的傍晚，寒风凛冽真如刀割一般。一个四十多岁的中年男子说要去潭村，给的价钱有点低，但我想着多拉几趟活早点回家，二话不说让他上了车。很快到了潭村，他说，再向前一点就到了，我向前，他又指指前面，我继续，到了，仍然要向前……我不同意，油钱都要亏进去了。他把脸一拉，高声威胁我说："不送就给我滚蛋，一分钱都别想拿！"看着他一副凶样，我心里一阵恐惧。忍着怒火和恐惧，我只能继续向前。最后让我想不到的是，他要去的地方，比潭村要远上两倍——从市区到郊区到县城的一个偏僻小巷，他终于下车了。最后还扔给我骂骂咧咧的一串话，而我像逃出了魔爪般只想快快远离这个魔鬼回家。但屋漏偏逢连夜雨，比深夜和冷风更残酷的现实扑面而来——车没油了，这意味着我要拉着或推着它回到市区。没有第二个选择。我，只有向前！到家时，已经是第二天的清晨四点钟了。

那个小小的我，在吃力地推着三轮摩托车奋力地向前时，咀嚼着悲愤、恐惧和憎恨，记住了这人生中的第一个深刻教训，至今难以忘怀。

　　这件事过去的第三天，我又开工了。不相信自己永远是弱者。像和谁较劲似的，我发狠地干起来。很快，我的活超越了那些虎背熊腰的同行。同样的出工时间，我的收入可以高出他们一倍多。其中的奥秘除了靠速度快且马不停蹄外，我又有意识地将原来需要两趟或三趟的集中成一趟，同等条件下时间节省一倍，收入增加一倍。我的成绩让之前总和我抢活的那些大人们很意外，开始向我示好，我也毫无保留地分享了自己的秘诀，大家纷纷效仿。

　　体力劳动者的艰辛和处于社会底层的感受，让我每天都会告诉自己要快速逃离这样的环境。

　　在有了一点小小的积蓄时，我便开始去尝试倒卖二手摩托车，终于不用再每天大量的体力消耗，让我尝到了用脑的甜头。很快，懂了行，做顺手后，又开始尝试倒腾二手汽车。

　　两年多的时间，我有了少许资本，入股一家汽车营销公司。算是个小老板了，属于自己的时间也多了些。可是就像爷爷一样，我是个闲不住的人。一有时间，我就爱去各类市场逛逛看看，收集新的行业信息或商品信息。我就像一个大海绵一样，什么信息都很有兴趣去了解吸纳。当时，通讯行业初露锋芒，开始在国民的科技用品生活中激起波澜。详细了解过行业的运营系统后，我开了一个小小的通讯零售门市，商品是第一代的数字 Call 机，俗称 BB 机。那时，男士的腰间挂上一个方方的黑色物件，不时地"滴滴"响起，是身份和时尚的象征。我的客户也多是社会的中上阶层，这使我结交了很多社会各界的朋友。

那几年的社会生活，让我充实而富足。但同时，也让我开始对自己的社会角色生起疑惑……

转折：做交警时体会到要勇于付出

很巧的机会，我成为一名交警。

第一次指挥着来往如梭的车辆时，也是第一次清晰地感觉到自己是社会的一分子。社会的顺利运行，依靠着每个人在各自岗位的努力尽责，而社会也会对我们给予应有的回报。之后，我又去了刑警队做刑警，后来又去了预审科和禁毒大队。这让我能从另一个视角去感受社会和人性。

我们称为小偷、盗窃犯、歹徒、凶手或其他罪名的这个群体，为非作歹时的可恶，用伎俩施阴谋时的狡诈，令人心悸的残忍暴行，落网后的垂死挣扎或彻底崩溃，这些对人生不同版本的演绎和人性共通的展现，其背后的个人代价和社会代价，也是值得我们去探寻和思考的……

就在我充满对人性的疑问之时，遇上了一个九岁的流浪儿。他有着一双清澈的大眼睛。我和同事巡查时发现了他，于是把他带回公安局。晚上，又把他带回了家，由我父母照顾着，而我则四处联络寻找他的父母。就这样过了一个多月后，终于找到了。当他的父母紧紧抱着他的时候，我却不合时宜地提出了严厉的要求：第一，不要再疏忽对他的照顾；第二，必须保证他以后可以上学。自问不能达到要求，那就把孩子留下来。没过多久，放暑假了。孩子专门跑来我家，让我看了他的考试成绩。这件小事让我发现，原来人性温暖之处，洋溢在每个角落。我们不能总是奢求别人发光发热，而

7

自己却吝于付出。勇于先付出，才能真正感受到爱的力量。

在我不长的交警生涯中，也曾违规执法过。我们拦住了一辆无牌照的拖拉机，上面塞满了人，正龟爬在机动车道上。开车的是位一脸沧桑的老汉，按规定开单，罚款二百元。拿着罚单，老汉和车上的人们有点茫然，却什么都没说地离开了。第二天傍晚，老汉拿着罚单来找我缴罚款。交罚款是要到缴费处的。刚好我下班，便领着他过去。一路闲聊，才知道原来他是个偏僻山村的村长。村里很穷，山区道路和信息一样闭塞。听外人讲在关林有一个大型的批发集市，可以揽到一些他们能做的手工加工生意，在农闲的时候帮补下生计。于是他向村民们开会动员，要走出去，搞经济。大家推举了些代表，由他开了用来耕田的拖拉机，却不晓得原来农田使用的拖拉机还不能上公路行驶。冬季田地里没有收成，大家手头都很拮据。被罚后，只能回到村里集体想办法筹罚款。实在是凑不出来，最后商议结果是，把村东头二子家的猪先贡献出来，卖猪凑够了钱。老村长连连叹着："都怪我，都怪我，连累大伙儿了……"听着老村长的沮丧自责，我脑子里掠过那天他车上人的羞涩茫然……我无法什么都不做！要过他的罚单，我生平第一次也是唯一一次，违规执法了——偷偷把罚单改成了五元，一脸郑重地告诉他：交通安全很重要，以后一定要注意，拿着省下的钱回去用在村里搞活经济的计划上吧。

同事中的老前辈总是提醒我，在我们的职业里，对人太过用情，会拖得你很累的。他们说我疾恶如仇，爱憎分明，开玩笑说我是行侠仗义的"侠士"。

围墙边，站在伙伴微微晃动着的肩上，心和全身紧紧的，缓缓地直起身，瞪大眼睛，探出头，去观察目标时，看见的是一个黑洞洞的枪口，而目标，是我的头……

追捕，从河南开始到南京长江大桥，目标没命地奔窜，几十个小时，我的神经、身体和眼睛都高度紧张地追逼……拿下他的那一刻，我的心猛烈地抖动，释放了全身每一根紧绷着的神经——立了二等功。

波澜：从一败涂地中站起

在我的惯性信念中，凡是要做的事就必须让自己做到最好；同时，还要通过不停尝试新的挑战来不断提高自己的各方面能力。

或许，是被同事言中，或许是其他的，一股神秘的力量，让我又选择了回到社会的大浪中去拼搏。

在原来一直经营着的小通讯门市的基础上，我又加盟了一家通讯品牌的连锁，两边一直都平稳地发展着。

光大科技职业技术培训学校，是我开的以培训通讯行业维修技术为主项的学校。虽然挺轻松，却没坚持多久，就缩水成了公司的一个技术部门，但公司在专业技术方面成为同行中著名的"黄埔军校"，公司的知名度不断地上升起来。

我依旧闲不住，在经营通讯公司的同时，又和朋友一起去尝试上山开园林，种桃子；入地开矿石洗厂，找钼金。折腾了一段时间，由于只是兼营，不够专注，结果没什么进展，好像仅仅是满足了自己的好奇心。

经过这些，我看到了做事不能专注专心时的必然结果。

于是，我将精力全部投入到通讯公司。自己在洛阳同行之中做到挺不错的时候，我跑到省会郑州做品牌的省级代理。开了郑州公司，我越来越有得心应手的感觉。这时的通讯行业已快速地在全国燃烧起来，我不想错过大好时机，于是乘胜追击，大胆选择了特区——深圳。

深圳深南大道的一幢写字楼上，宽敞明亮、装修时尚的公司办公室里，我俯视下面，充满朝气的特区，脸上升起掩不住的自豪，我壮怀激烈：我冲在了中国的最前沿！我站在了最高处！

我相信自己的眼光，提拔了一名业绩优秀的营销总监做公司的总经理，全权放手给他。自己经常全国各地跑，大部分时间都不在深圳，试运营半年以来，因有熟悉的品牌合作渠道和营销网络资源，经营状况良好；对深圳公司的经营和管理，我关注得越来越少了。每次深圳提出资金支持，我都会很快地批复。渐渐地，接到深圳公司的汇报电话越来越少。我一开始没有特别留意，这样持续了一段时间，才忽然想起要打电话了解一下情况。电话拨出去，竟然没有一个可以接通。不妙！我顿时紧张地跳了起来，立刻从郑州匆匆赶到深圳。奔跑着冲到公司的门口，大门紧锁，透过玻璃门，竟然空空荡荡……

我愕然了！

深圳深南大道的天桥上，我又一次俯视，下面车辆的急速川流正如脑子里种种忽闪的不解与无奈。我问自己"为什么？为什么？"深冬的小雨打在脸上，和着泪水向下淌。思维和身体都静止了、空白了、麻木了。我呆呆地望着下面，从白天到傍晚，从灯火阑珊到暗夜深黑。没有知觉的我醒来时，已是第二天上午——在一个社区的诊所。听护士讲是凌晨四点多时，治安联防员把我送来，及时的抢救让我万幸可以再次见到这个世界。

走出诊所的我，依然走不出极度的困惑。

我去了大梅沙的一个僻静地，一周的时间，我切断一切与外界的联络，自己和自己在一起，又带着自己走出了心中的阴霾之地。

只有当自己为自己负责任时，才会有更强大的力量能够释放出来。

再次开机时，接到的第一个电话，竟然是那个和深圳公司一起消失的总经理打来的。对那个已经无法挽回的结果，他充满歉疚地讲述着过程，表达他的感受，电话这边的我，感觉他在讲的是与我无关的路人故事。

最后，我只留给他一句话："我们每个人都要为自己该负的责任买单，不管你是否主动，早晚生活会以不同的方式让我们结账。"

之后，在那年的圣诞节前，我收到他从老家给我寄来的圣诞贺卡。一直到现在，每年的圣诞节我都会收到他的祝福贺卡。

在企业经营中，赢得胜仗的前提，一定是战略、战术的分析制定与适时调整。冲动的自我膨胀注定是败方。简单的道理，做到的关键是，当我们身在其中时的觉察和辨识是否清醒。

同时，企业行为中，人是一切成败的最本源，选人、用人的智慧与方法更是企业必须要拥有的能力之一。有了人才后，团队的打造与坚持不断的教育、训练是企业生产力的第一核心，团队的快速成长是企业的最强竞争力。

所有的真理与智慧总会在我们跌倒的那个地方等着我们，但要我们付出代价。

站起来，向前奔跑！

通过对行业和自己经营得失的总结，区分了公司目前的优势和劣势、能做到的和无法掌握的。我开始实施自己在大梅沙制定的公司计划和目标。

经营战略："农村包围城市"。所用人都在向高端客户和优质区域冲浪，轻视或忽略了地、市、县的需求和空白。看着地图去插小红旗，通过本市周边的九县六区，渐渐插到到豫西地区，再插到邻近的省份。

我感觉自己就像正在攻城拔寨的将军，心中充满着豪情斗志。

营销方式：连锁加盟。通过加盟，开辟了属于自己的固定营销网络渠道，这种方式在当时的同行中，我是第一个吃螃蟹的人。激发终端市场消费时，"中大奖"的方式，一段时间曾使零售的销售额直线攀升。

团队建设：强力打造团队。归宿感和严谨的纪律是团队的第一保障。有奖有罚，当天兑现奖罚机制。激发潜力，促使每个人快速成长。层级管理制，管理不断档，信息反馈明确及时。

过程中的努力和付出，我不一一赘述。一切的艰辛，都是取得收获的基本条件，结果是检验实践的最终权威。在某知名通讯品牌厂家的年会上，我们公司夺得了区域销售全国第一名。

每个人的人生风景，都是自己创造的。只要前行，生命旅程中所有的积淀，都是在为下一步准备着什么。

使命：分享与传播

在自己活过的这么多年里，有些事情总是能让我深思，似乎身边每个生命都有着对自己梦想的向往和憧憬，可追求的一路上却总是受到心智或能力方面的阻挠，不能如愿以偿，甚至因此而一蹶不振，抱憾终身。

带着这些思索和对学习的渴求，我进入了培训课程和培训行业，疏通整理这些累积的杂散凌乱的生命经验，再回头看来时的路和同路的人们，又惊叹生命力在宇宙中的创造的无限可能，也欢欣人们一路上的结伴同行。

在这许多的课程中，我一次一次感受和吸收生命经验凝聚的智

我的人生我做主

慧和方法，它们可以让更多人缩短尝试的时间，让更多的企业或团队降低经验成本，加速社会和人类的进化，也让我们享用更丰盈的世界和创造更多彩的人生。

在和每位先行者和导师接触时，他们把自己的生命体验成果倾囊而出，他们分享之前的付出，感动于人们结伴前行探索的旅途上，彼此赐予能量，互相不再孤单。

而看着同学们从局限中开拓，从茫然中穿越，距离他们想去的方向、想成为的那个目标更近和更有效时，我喜悦而满足，快乐而欣慰。

"5·12"地震后，汶川的一个帐篷教室里，我给五十多个孩子上了半个小时的课，看着温暖和开心滋养着他们，我和他们笑得一样灿烂。但当我离开他们的视线，转身的一瞬间，猛然涌出的眼泪无法停止，只有快速跑到车上，关紧门，一个人放声恸哭，心紧紧地抽动。

我还能更多地创造什么？

强烈的使命感深深地召唤着我，去采集和传播知识与智慧，分享生命体验，激发创造激情，让更多人共同去创造生命潜能的无限！

我以《潜力苏醒——无极限团队特训营》为现阶段的最好礼物，分享给社会，分享给更多追求成长和期待快速提升的个人和团队。课程中，不同行业、不同团队、不同地域的同学们，经过体验和训练引导，同样地，他们都可以洋溢生命的张力和进化团队的素质。每当课程结束后，我都会在内心等待着回到生活中和工作中的学员、团队，当听到他们从这个课程学有所获时，践行在生活中取得了价值与成果时，我会在自己的专用本子上画一颗星，这满满的星空提醒着我：生命创造无极限！

结尾：希望基业长青

我和我的同行者们以"传智慧、涤心灵、铸团队、尚中华"为使命，向"静水深流，基业长青"的社会愿景奔赴。

我们每天这样共勉：

我们愿意与更多成长伙伴同行，

我们无时无刻不在做着这样的努力，

在人类知识和经验聚集地做些寻访和采集，

令珍贵的知识可以传播开来，

令喜悦、成长发生……

附：李兵珂先生的 DISCUS 性格分析报告

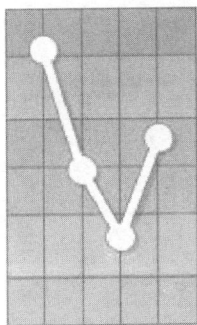
DISC

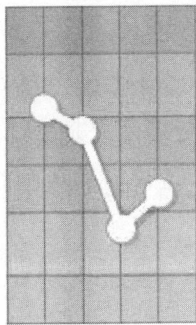
DISC

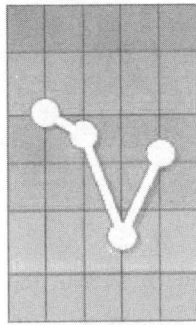
DISC

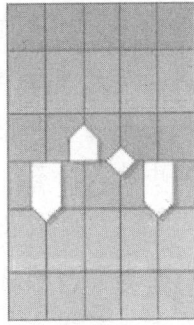
DISC

内在分析表

内在分析表的最高点，代表着你最自然真实的内在动机和欲求。这种行为之所以常在你处于压力时显现，是因为你没有 " 空间 " 或时间调整行为。

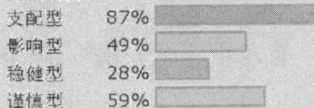

内在因素	
支配型	87%
影响型	49%
稳健型	28%
谨慎型	59%

外在分析表

外在分析表描述应试者认为自己应呈现的理想行为。这种图形通常代表个人试图在工作中采用的行为类型。

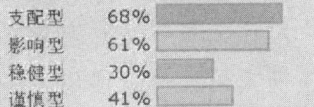

外部因素	
支配型	68%
影响型	61%
稳健型	30%
谨慎型	41%

总结分析表

真实世界里，应试者通常会表现出与内在分析表（直觉行为）及外在分析表（视现状调整的行为），这两种分析表一致的行为。总结分析表是这两种描述个人正常行为图形的综合。

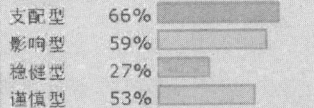

总结因素	
支配型	66%
影响型	59%
稳健型	27%
谨慎型	53%

转换模式

转换模式图形显示应试者的内在和外在分析表之间的改变，并凸显应试者正在进行的性格调整。

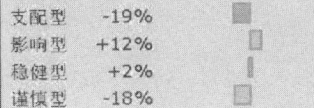

分析表转换	
支配型	-19%
影响型	+12%
稳健型	+2%
谨慎型	-18%

兵珂是天生的部落酋长。勇于开拓，勇于承担责任，带领团队走向未知。他终其一生会不断追求更高的人生价值，而这种人生价值不仅来自金钱，更来自社会认同。因此在不危及生存的前提下，他在经营中并不是只看盈利，而会趋向于不断扩大规模，使自己团队中的人数不断增加，别人的期望和信任会成为他很好的推动力。

这就是酋长性格和头狼性格的不同。头狼追求利益最大化，酋长追求共同利益的长久稳固。这并不意味着兵珂缺乏竞争性，相反，在领地意识上，他持续不断地开拓，不排斥合作者并且愿意做出一些牺牲或前期投入，显示出磅礴的大局观。但一旦遭遇背叛或挫折，酋长需要更长的时间去抚平自己的伤痛，这源自对责任的重视。

管理中，他的作风强势而不如头狼性格的人强硬。面对外界环境的压迫，他也会反思并尝试通过改变自己的管理风格来适应团队现状，但实际上，他的激情和坚定才是团队最好的强心针。这是他领袖性格的优势所在。

人际交往中，他抱着真诚开放的态度。面对弱者甚至会显示出悲天悯人的柔情。但绝大多数时候，与之交往时感受到的都是他的自信和权威感。他说话会铿锵有力，有时候即使他本身并不是那么肯定，说出来的话也仍然会带有坚定的力量，让人趋向于认同。

狂热？短视？朝阳行业？

——见证保健行业发展十年

罗孰甄

（佛山市南海妆庭贸易有限公司总经理）

编者按：罗孰甄始终给人笑容满面的印象。有些笑容可以传递热情，有些笑容可以传递优雅，有些笑容可以传递羞涩，有些笑容可以传递冷漠。罗孰甄的笑很特别，传递的是淡淡的包容和率真。她的善意、她的幸福、她的谦和，仿佛都在告诉你：无论事情会怎样发展，我始终相信自己，相信你！

她这份镇定自信，大概离不开她十年保健行业从业经验的历练和冷静思考。这个看似狂热的行业本身，也许不缺乏质疑和冷酷短视的商业操作，但却很少有身处其中的人，做最真切的冷静思考。

"不是如飞蛾扑火般的狂热投入，就是如狂风暴雨般的厌恶指责"，非此即彼的是非对峙外，又有什么人能真正看到这个行业各种现象背后的来龙去脉和引人深思的茫茫前路呢？

中国人是需要保健品的。当我们第一次从进口大片中看到那些金发碧眼的老外们，拿出一个小盒子，一把一把地吞药丸时，都惊呼："他们有病啊！没事找药吃！"但渐渐地，从一些家庭主妇和爱美女性开始，大家研究起维生素ABCDE，研究起葡萄籽、鱼肝油、辅酶Q10、胶原蛋白。渐渐地，市面上出现一格一格分开的便携式小药盒、用来切药丸的小刀、分药粉的小勺子……中国人越来越意识到，即使是食物结构最合理的中国人，也存在着保健盲区。除了苹果，还有很多未知的物质可以帮助我们远离疾病。第一个吃螃蟹的人固然勇气可嘉，但第一个卖螃蟹的人可能更值得我们敬佩其毅力和坚持。

废话且打住，如果你想全面而且真实地了解保健品这个行业，那不妨听这位谦和女子娓娓道来。她一直在强调自己文笔不好，但我相信，真实是最动人的力量。尤其是其中朴实地谈到一些关于商业模式和管理的问题，一定能给你一些全新的认知和感触。

挣脱：不甘温室花房的命运

上世纪六十年代，国家的计划生育政策号召一对夫妇生三个小孩。我父母都是积极响应党的号召的生产第一线工人。他们当时已经有了两个男孩，父亲便和母亲商量说，最好再能要个女儿。我就这么"顺理成章"地呱呱坠地了。可想而知，在我接下来的成长过程中，父亲自然百般呵护，就连两个哥哥也非常疼爱唯一的妹妹，我成了家里十足的掌上明珠。现在三兄妹都早已成家立业，但我们这个大家庭里一直洋溢着那种相互关怀无私支持的浓浓亲情，这也是我幸福人生的力量源泉。

我一生都深受父亲的影响。父亲和那个年代的大多数年轻人一样，从一个学徒工开始打拼自己的事业。凭着认真和坚持，慢慢做到车间主任，最后当上了厂长。直至今天，厂里的老工人说起罗

××，仍会提起两点：一是为人好，二是全厂水平最高的电工。父亲的外表给人的感觉很严厉，但他对所有人都怀着一种朴实的善意，因此赢来好人缘。我记忆中父亲有两个小"跟屁虫"，他们是父亲的徒弟。上班跟着学技术，下班跟着父亲回家喝茶聊天。无论在工作上还是生活中，父亲对他们的关怀都无微不至，而他们对父亲也念念不忘，不时来探望。父亲七十岁生日，家里办了一次寿宴，一向念旧的父亲也借此和旧友相会。老友欢聚一堂，席间谈起往事，齐声夸说父亲是一个值得信赖和可以深交的人。我在那一刻清晰地感受到一种自豪感。回首自己走过的匆匆几十年，在不知不觉中，早以父亲为人生的楷模，幼时他那高大的身影，深印心中，并一直陪伴我勇敢地往前。

在上世纪八十年代，高中毕业的学生在南海可分配到的单位已经算不错，而我给自己的目标却是上大学，这很大程度上是受父亲的激励。经过六年寒窗苦读后，我终于考上电视大学。当时有两个专业选择：一是财税，一是企业管理。父亲这时已经当上厂长，深刻认识到企业里普遍缺乏有知识、高学历的企业管理人才，如果读完企管出来后，将来一定大有所为！而财税，更像是后勤工作。在父亲心目中，掌上明珠也不能只做一朵温室小花——女孩子也要做出一番事业。

当然，现在已经时过境迁。我们企管专业全班三十三个同学最后全都从原来所分配的单位出来了，一些是因企业解散，另外一些是同学自己离开原单位的。而财税班的同学基本上全都在税务所工作，有些同学已经当上股长、科长，甚至局长——都成了公务员。但我对于选择这个专业从来没后悔过，也许我正因为没有稳定的工作，才拥有了自己精彩的人生——我的健康事业！

邂逅：以为销售就是赚大钱

上世纪九十年代，中国改革开放的春风吹遍了珠三角，当地人纷纷办起了自己的企业。有人做贸易，有人开厂搞生产，有人专营来料加工，最不济也在自己家门口开个小商店。一时间，人们的口袋也日渐丰厚起来。此时，外国的保健品公司看准了中国市场，以直销的经营方式进入中国。当年的直销并不是像现在的这样，在没有资源又蠢蠢欲动想做一些什么来贴补家计的平头老百姓心目中，对直销有一种非常单纯的认识：这就像是一种互助会，一个人不够打本做生意，那就集合老乡亲戚的力量。外国保健公司从进入中国市场起就掀起了一股"凡是做销售就有机会发财"的狂热风暴。

当时我和丈夫在同一个厂里上班，两人收入还算过得去。遇到这股风暴，对我们这样的小夫妻而言，可以兼职赚钱，是具有一定诱惑力的。我丈夫是一个性格内向的人，销售对他来说是一件非常难堪的事情，只是为了朋友义气才参加了一些相关的销售活动。当时，他在厂长办公室工作，前途很不错，因此并没有真正参与其中。而我因为已经有了几个月的身孕，行动不是很方便。但这是我们第一次接触到一些市场行为，尽管仍然比较原始比较模糊，却让我认识到商业市场在高速发展，年轻人不想落伍，只能主动跟上，只要多了解新资讯就会有好机会。

正是外国保健品公司以这样的方式进入，让中国人认识了保健行业的存在，才让许多像我这样一无所知的人有机会认识和了解这一行业。这段时期不得不说是有中国特色的保健行业萌芽阶段，也注定了中国保健行业发展之曲折。

彷徨：没有方向的困惑

保健品刚进入中国人视线的时候，许多人都认为：吃保健品还不如自己买只鸡回来补补身子更直接！保健品就是补品！

这种想法有错吗？如果把保健品定性为补品，那当然有一定道理。但保健品可不单单是补品！

中国尚未有真正的营养学普及，大部分人都是从自己的日常生活经验里去归纳总结，自然也会存在一些认识误区。大部分人都不知道人类需要的七大营养素：蛋白质、维生素、微量元素、膳食纤维、脂肪、碳水化合物和水。

一只鸡又怎么能将全部营养都补上呢？最多也只是额外补充蛋白质、脂肪而已，尤其广东人喜欢煲老火汤——蛋白质被彻底破坏，可能只剩下脂肪了！七大营养素中，有一种营养每天都必须要补充，但它不是补品，而是帮助人体解毒、清瘀的，那就是膳食纤维。现在，有许多想要瘦身的女士都非常追捧含膳食纤维的一类产品，但却仅仅是将它作为一种减肥工具来看待。即使在今时今日，距离保健品行业进驻中国已经整整十五年，绝大部分人仍然很少具备这些常识——消费者不懂，而保健品经营者也都只是为赚钱而推销产品。

一些所谓的专业人员不管面对什么疾病人群都说产品好，盲目夸大产品功效成了一种风气。但对于从业人员而言，有时候这种夸大是一种生存压力下的盲从：如果你不夸大，满足不了顾客"用这种产品包治百病"的心理，产品就会难卖出去！消费者追求的是销售员的口头承诺，推销员说产品可"治好"他的病，他就买了。如果推销员稍微谨慎一些，消费者不会因此产生信任，反而会说："你看某某产品就敢承诺，你们为什么不敢？什么都不保证，我为什么还要买？"于是大部分推销员为了提高业绩，就变得不从顾客的身体考虑，口头上随意向顾客承诺产品功效。其后实现不了，或远低于顾客的期望值，这时顾客自然就会产生被骗的感觉。久而久之，"保健品＝骗子产品"这种观念就在民众中蔓延开来，而保健品销售就陷入了恶性循环的泥沼中。这些都是当时的市场状况，有两种形式最具代表性。

一种是在电视、报纸、广播等各大媒体上大做文章，夸大产品功效。比较有代表性的是三株口服液，它的广告标语甚至刷到了农村的厕所墙上。记得三株口服液刚推出市场时，宣传语是"喝三株，肠胃舒"。产品主要针对肠胃失调的人群，这样是符合产品功效的。因为产品的主要成分是猴头菇，对肠胃的调节有帮助。有些消费者喝过后，由于肠胃舒服了，以前因肠胃不好导致失眠的情况有所改善，然后产品宣传又说成三株可治失眠，再慢慢演变成什么病都能治了，广告口号也变成了："有病请喝三株"！当时连保健观念较好的外国人都觉得中国人好像不用吃饭只喝"三株"就行了。

第二种是人海战术。因为在上世纪九十年代初期国外的直销公司进入中国后，有一批中国人借着这种模式成功地赚到了钱。结果国内有很多企业纷纷效仿国外公司的做法，单是在广东一下子就出现了好几十家用这种方式运作的公司，而且经营的产品绝大部分都是保健品。在中国，新的行业或经营模式往往比相应的国家法律法规出现要早很多，人们为了人生的第一桶金疯狂地投入到这股洪流中。

坦诚地与大家分享，我在这样的潮流下，也进入了其中的一家叫"金来"的保健品公司。

磨砺：风雨之后才有彩虹

为了让更多人加入到这个赚钱机会中来，我所在的公司每天都开创业说明会，两天就有一场员工培训会与员工讲座。只要你成为会员，就可以享受一定的产品折扣。

我的朋友想培养我做讲解产品的讲师与他一起搭档。我好羡慕会讲课的业务员，有好口才，成功自然要比别人快得多，所以就答应了学讲课。当时的决定让我从此走上了一个全新的发展平台。

记得第一次上台讲课那天，我特别注重自己的形象，穿了一套职业套装，让自己看上去既专业又自信。林伟贤老师曾经说过，人生三大恐惧："从高处跳下、被火烧和上讲台！"在上台前一刻，我还在非常紧张地背讲稿。我想"越准备越紧张"大抵是第一次上讲台的人的共同经验。

意外还是发生了，在讲到一半时，突然有一个迟到的人从外面走进会场，我的演讲被这个小插曲打断，绷紧的思绪也一下子断了，下面的内容忽然之间忘得一干二净！紧张之余，我灵机一动，宣布休息十分钟，随后我狼狈不堪地匆匆回后台，没有勇气再次上台了。我的朋友过来跟我讲："如果你就这样退下来了，那你就永远不能站在讲台上了，千万不要那么容易放弃，你刚才也讲得不错呀，我希望你能继续。"在他的鼓励下，我努力让自己冷静下来，将讲稿的内容在脑海里重复了一次，调整了一下状态，整理了一下自己的衣服后，鼓足勇气再次走到台上，接着将没有讲完的部分全部讲完。没想到的是，台下的观众竟然都没发现这次意外，也没有发觉这次是我的第一次演讲。我自己思考良久，希望从中找到自己的优势，思前想后，也许是因为我真诚亲切的笑容吧。我非常感谢他们对我的鼓励，我更感激带我上讲台的那位朋友，无论是进入保健行业或是站上讲台，我一直把他当成是我的老师！经过无数次的磨砺，直到现在，我都很享受在讲台上展现自我的感觉。

行业之殇：转换商业模式

"金来"公司是江门侨联办属下的一家合法的政府企业，1998年初收到政府有关销售调整的通知后立即停止了一切销售活动。一时间公司领导也不知所措。靠企业自己想办法转型吗？那该怎样转？于是开专卖店继续销售产品的模式就这样被提上了议程。

记得转型期间的那次公司经营模式的研讨会，与会人员都是之前的骨干成员，但大家就是否要转型专卖店模式运作分歧很大，会场讨论的激烈程度用唇枪舌剑来形容也不夸张。反对方有几位区域经理认为：由于他们的商户分布较分散，区域跨度大，开专卖店要求太高，没试过直接面对顾客销售，而且他们又不是在本地开专卖店，人脉资源不足，公司又不知能否支持到位，所以对开实体的保健品专卖店不太看好；支持方几位经理却认为：可以利用原有的销售网络，组织骨干自己投资开店，将店铺实体化，既为公司的发展提供借鉴作用，又顺应国家政策，一举两得。这些分歧其实反映了当时保健行业从业人员所面临的抉择：彷徨与进取，放弃与坚持，退缩与勇气。

专卖店经营模式遇到了新的市场需求：专卖店要面对顾客，是买卖关系，对卖家的要求也更高，而且卖的是产品而不是机会，对产品的知识要重新掌握，对人体健康相关专业知识也要重新认识，还需要售后服务的跟进。

顺势：用专卖店的形式打天下

专卖店模式

我带着这些问题，回家与丈夫商量。我丈夫是一个不善于言谈但思维非常缜密的人，我形容他就是我一个睿智的军师。我曾为他测过 DISC 性格倾向，他的 S 和 C 是最高的，他的分析能力非常强。他问了我两个问题："你以后打算做什么？"我说："不知道啊！"他又问我："以前跟你一起干的团队又怎么办？"这个问题我还真没仔细想过呢！政策变化了，一时间他们何去何从？当初带着他们选择了一个机会，现在说不做了就全解散了？他们当中有些是全职做的，一时间没了工作没了收入如何是好？想到这，我的内心很不是滋味，觉得很对不起他们。我的内心变化被丈夫看出来了，然后他开始耐心地跟我分析道："开专卖店需要投入多少资金？应该先到市场上调查一下，例如铺租、税金、店员的工资以及其他的支出费用大约需要多少？每个月需要做多少业绩额才能有利润？你还要评估你自己的管理能力，如果以上都能做到，你开这间店的风险就不会大了，而且还能把原来的业务团队变成业务员，他们有了方向，你专卖店的生意也稳定啊！既了却一桩心事又能继续赚钱，何乐而不为？虽然开店的运作方式跟以往有所不同，但产品还是那些产品，产品又不是骗人的，确实有些顾客用得非常好，关键你要搞清楚好的原因与人的身体有什么关系？专业知识可以边做边学啊！用心去对待每个客人，那样开店有什么可怕呢？开店后不需要经常东奔西跑出差了，那不是更好吗？"

听了他的分析后，第二天我就进行市场调查并找了几个骨干沟通，跟他们说了我的计划，他们都非常开心。他们都觉得我是真心

25

为他们所想，并表示很有信心跟我一起做事。1998年6月18日，那是值得永远记住的日子，我的保健品专卖店开张了。这是公司的第一家专卖店，也是华南第一家卖功能保健纺织品的专卖店，同时更是我人生的第一次创业，自此我的保健事业就由此真正铺开。

转入专卖店模式之后，第一个要面对的问题就是如何对顾客销售产品。当时很多相关的销售方法都是摸着石头过河，要自己摸索。我们当时有一台微循环检测仪，主要是用来为顾客检测手指甲周围的微细血管的，通过观察微细血管的形状、色泽、粗细等指标，分析微循环与身体健康的关系，从而向顾客推销可以通过穿戴使用来改善微循环的功能性纺织品。我记得专卖店的第一位顾客是在当地市场卖鱼的一位患了肩周炎的大姐，我们叫她桂姐。在帮桂姐检查时，竟然找不到她的微细血管，怎么回事呢？我的店长当时急中生智地说因为她的微细血管看不到，所以她的身体问题已经很严重了，一定要用功能性纺织品疏通血管才能治好肩周炎，在对她的"身体危机"感到紧张之下，再配合我们对产品功效的承诺，桂姐相信了我们并成了我们专卖店的第一位顾客。从现在看来，当时桂姐的微循环检查不到是因为她卖鱼经常要弄湿双手，长年累月，手指甲周围的微细血管就模糊不清了。这不仅表明当时我们对微循环是那样一无所知，对身体健康方面知识又严重匮乏，对顾客用的推销方式更毫无章法，也为以后顾客的质疑埋下了一颗不好的种子。

在服务顾客的过程中有件事令我至今印象深刻：有一天，一位员工带来了一对夫妻，男的左手左脚都无力地垂着，在妻子的搀扶下，艰难地走进我的专卖店。经介绍得知：男的才三十八岁，是我们当地电缆厂陈厂长，他为电缆厂的扭亏为盈是立下汗马功劳的。他军人出身，十几年来从没得过感冒，但由于长年高强度地工作，加上平时又不怎么保健，让他万万想不到的事情却突然发生在他的身上——脑血管栓塞，落下了左手左脚无力，口齿不灵的后遗症，从而被迫退下了工作岗位。在他那曾经作为军人坚毅的脸上我看到的仅是痛苦与茫然。在我们为他详细咨询与检查微循环后，为了中风后遗症的康复，他们夫妻俩接受了我们的建议用上了功能性纺织品。然而在他用产品的第二天，员工一大早打电话给我说陈厂长的病情更严重了，我一听说，怎么回事呢？顾客才刚用产品啊？为了弄清楚情况，我立即开车去陈厂长的家进行售后服务。刚到陈厂长家就遇到他妻子，他妻子说："今天早上我刚睡醒，想去叫醒老陈，发现他口齿更不清了，所以就找你们问问，没想到你们这么快就来了！"我说："陈太太，我过来是对顾客的负责任，这也是我的心意，你先别太担心，我们去看看陈厂长的情况再说吧。"我们进屋后却看见床上空空如也，陈厂长不见了。正在纳闷的时候，听到洗手间的门打开了，我们看到前天还要人搀扶的陈厂长，这时却奇迹般地自己站了起来，我们都被眼前发生的事情惊呆了。陈厂长听说我为了他的身体一大早赶过来，他们俩特别过意不去，我也为陈厂长的好转而衷心祝福。自己从事功能纺织品这么多年，还是第一次遇到顾客只用了一天产品身体就有好转的案例，可能是因为陈厂长中风程度较轻，身体底子好，年纪又轻的缘故吧。陈厂长的后遗症最后康复得非常好，还帮助我们介绍了好几个顾客，这都是我们真诚服务的成果啊！

我们的团队非常团结，也非常努力，特别是有几位骨干更是把我的专卖店当成了自己创业的平台。从事销售，是需要勇气的，而且必须始终相信人性本善，才能一直保持一种正面乐观的态度去迎接一切打击，一直走下去。我这些可爱的伙伴，他们选择用无底薪

27

来支持我，以店为家，在彼此信任的基础上互助互爱。就是在这样的一种氛围下，我们开心地创业。从专卖店开业的第二个月开始，业绩节节攀升，团队的热情高涨，到了十一月份才做了半个月就将当月的目标完成了，于是我跟大家开了个临时会议，追加目标，借着这个势头，我们当月的总业绩竟然翻了一番达到了六十万。一个专卖店就做出了这样的好成绩，公司领导比我们还要高兴——因为有我的店做榜样，大家看到了转换经营模式的价值：原来我们也可以直接面对客户，做实打实的销售！公司一下子开了十多家专卖店。

危机始现

成功之途永远都不是平坦的。

当大家还沉浸在喜悦之中时，问题却随之出现了。开业几个月以来我们的业绩节节上升，顾客量渐渐有了长足的积累。由于当时顾客买保健产品时期望值都非常高，尽管在销售时，我们已经一再强调包治百病只是神话，逐步改善机能需要过程，但他们仍然在心底里希望通过短短几个月的产品使用，就能让长期有病的身体完全恢复健康。但几个月过去了，效果还没立竿见影，尤其是在没有参与购买决策的亲友的质疑下，使用者纷纷提出疑问，甚至对产品产生质疑。面对这样的问题，我们一时不知如何是好。团队有些成员开始有些担心，专卖店是否会被这样的负面影响搞到关门呢？自己介绍的朋友或亲戚购买了产品，会不会被他们说自己是骗子？

严峻的局势摆在面前，我认为不能再盲目追求业绩了！毕竟保健功能纺织品跟普通的纺织品不同，顾客到专卖店消费时都是冲着它有保健作用才买的，但看不出产品明显效果，他们当然想要弄个明白，或者提出质疑，这是很正常的事情啊！自己必须得静下心来

我的人生我做主

认真学习，要搞清楚一系列的专业知识：功能纺织品改善微循环的原理是如何的？微循环在人体的作用是什么？微循环不通畅会引起什么不适？而这些不适发展下去又有什么危机？

有一个观点让我印象非常深刻："圣人不治已病治未病"，意思是说好的医生不是治得了病的病人而是在没得病之前就告诉他要预防了。所以人要健康，预防胜于治疗。而保健品不是药，它的真正价值是可以预防疾病的发生，真正有病的时候就一定要去医院治疗的。可现实中人们的观念是：没病为什么要保健？买保健品的原因都是因为已到过很多家医院治不好才来选择保健品的，将保健品当成了医治百病的仙丹！他们对身体一系列的退行性病变如心脑血管疾病、关节痛、高血压、糖尿病等等的认识又不够清晰，这些退行性病变都是不能逆转的，能控制着少吃药已经是不错的了。盲目追求身体恢复到以前没病的那样，这是有违生命规律的，但顾客不懂，如何是好呢？

服务营销

面对顾客的质疑，我提出了一种做法——服务营销，就是上门做售后服务。主动上门去拜访顾客，并带上水果点心之类的东西，为他们耐心讲解保健的正确观念，向他们讲清楚产品的原理和作用，并邀约他们回店里复查他们的微血管，看看血管的质量是否有改变。当地的农民都是非常淳朴的，而且当时保健品市场还没有哪一家公司当顾客购买了产品后会主动上门做售后服务的。当我带着几个骨干上门做服务时，顾客们都特别感动。记得有一次我们都穿着非常得体地穿过村子小路去一个顾客家时，这家人就觉得自己非常有面子，都招呼左邻右舍到自己家，把我们介绍给邻居认识："他们都是好人，对调理身体既专业又耐心，我的腰疼、脚痛都是他们帮我调理的。"就这样，开始分享产品的使用心得，一切都是那么真诚，那么自然。邻居听说后便开始向我们咨询他们的身体问题是否能帮助解决，业绩就在服务中出乎我们的意料地产生了。我们通过做售后服务让顾客帮我们带顾客，在不断摸索的过程中，我们还开创了电话服务、茶话会服务、定点服务等形式，通过服务营销进一步树立起我们的良好的口碑。

经过这次的危机处理我感悟到：危机就是危险与机遇并存，最重要的是要勇于面对，积极地寻求解决之道，我相信上天对你关上一道门，它会为你打开一扇窗！

更大平台

在我用服务营销的方式将专卖店做得不亦乐乎的时候，那个带我入行的朋友再一次找到我。他想跟一位美籍华人开办一家公司，主要也是经营功能性纺织品，他想我把做店的经验带到他的公司中来，并给我更大的舞台——公司的市场部经理。对于朋友的信赖我又感激又自豪，更重要的是，我想挑战自己的管理能力，不想只守着自己的一亩三分地做井底之蛙。于是我几乎没有任何犹豫，便答应了他的邀请。

公司刚起步时人才济济，上层领导都是曾经做过顶尖销售的精英，还有些专卖店也在别的公司跟着直接转过来。只可惜，有太多的精英未必就会有好的成绩。那时候，企业管理和人才管理都没有受到充分的重视，其实直至今日，在大部分企业中，也仍然是"销售为王"，老板本身就扑在销售上，完全不懂得让公司机器自行运转起来。当年就更是如此。我们公司经营了不到半年的时间，问题就开始出现了，上层干部之间钩心斗角，还分成了两派。董事长天真地想把公司分开两个市场来做，让两批人相互竞争。当时我丈夫作为一个旁观者，早早看出目前这家公司的问题：公司架构不规范，只重视市场，没考虑企业的内部建设，公司的凝聚力何在？人事管理紊乱，上层管理架构臃肿，把会做市场的人不放到市场中去却放到公司行政管理层，不出问题才怪呢！这并不是市场问题，而是管理者的水平问题，可董事长并没有看到真正原因，使得部分高层人员和一些专卖店对公司失去了信心。

对于这一段摸索着做管理、做企业的经历，最令我反思的是：人才精英并不是到了哪一个位置都能创造生产力，实际上，如果在不合适的位置上，很可能带来的是破坏力。作为一个企业的领导者，不仅仅要懂得抓住市场机会，懂得整合资源，更重要的是，要懂得排兵布阵，把人才放在合适的位置上，人尽其用。有销售能力的人要放在销售岗位，有技术能力的人要放在技术岗位，当他们出了业绩，想要谋求更大发展的时候，我们可以给团队给股份给进修机会，但不能理所当然地贸然让他们升任管理职位。

而此时，一位曾开过服装厂的公司市场部副总监经常就公司管理等一些问题找我和丈夫聊天，交流思想，我们彼此都认可对方。就在原公司人心惶惶的时候，这位副总监准备举旗开创公司。为了充实新公司的竞争力，他用入股的方式，吸纳了原公司的八名较有市场经验和实力的中、高层人员，他们属下的专卖店也跟随着转至新公司。因为我们跟那位副总监很投缘，也想跟着他干。我自然地转投新公司，在新公司的市场部做经理，同时也是一名股东。

这位新公司老总确实懂得管理，公司开张前已将公司的规章制度及公司的架构都制定好了，并提出为了不要造成多头管理现象，他规定除了他本人外，其他股东都不能表明其股东的身份，只可在各自的岗位上各司其职，投资与管理分离，对公司的政策有什么不满或提议在股东会议上提出，而不能用投资者的身份来干预公司的决策管理，所以新公司的发展是顺利的。

在新公司我跟随了这位老总六年的时间，起初是做市场部经理，总管整个市场的运作，之后做总经理助理，培训部经理，最后一职是市场督导（片区经理）。随着事业的发展和这些职称的改变，我渐渐感觉公司的经营理念与当初的经营理念渐行渐远，也渐渐远离了我自己的行业理想与从业使命——我所提倡的服务营销并没有落实，只是空喊口号；培训方面也只是单一教业务员几招邀请方式，而与保健相关的身体健康方面的知识根本无从涉及。对我个人来讲，这种商业运作违背了我的职业道德；从长远经营的角度来看，如此短视赚快钱的经营手法也必然不能持久发展下去。因此我再次毅然地选择了离开。

对自己选择加入这两家公司我并不后悔，从中也学会了很多以往在专卖店经营方面所不具备的能力。我总是把这些看成是自己人生必需的经历，没有这些经历就不会有今天的我。等到下次自己再去着手创业的时候，过去的种种这些，时刻警醒我引以为鉴。

感悟：世界比我们想象中的大

机遇与考验

原本计划离开工作岗位以后要好好休息一段时间，开着车到各地去观光旅游放松一下心情。前面一段时间走过来，我是真的有些累了，但这并不是对保健行业失去信心。如今，人们的经济状况正逐步好起来，所追求的生活品质也在不断地提高，可健康才是享受幸福生活的重要基石，所以我始终认为保健行业必将是有光明前途的朝阳产业。

我觉得累是看到保健行业有一个怪现象：为了取得短期的收益最大化，经营者都对自己的产品进行夸大宣传或概念炒作；保健品公司的老板大多是眼红于保健品行业有钱可赚，于是自己也去搞个保健产品回来成立一家保健公司，却一直疏于对保健专业知识的认识与学习，只注重短期的业绩管理，忽略了企业的内部结构建设；同行公司之间除了拉顾客不择手段以外还相互指责，就像仇人似的。这样的生存环境就造成了保健行业多数经营单位无法茁壮成长。本来保健品是让人健康的，可是经营保健品的人心态却很不健康。我希望自己能遇到一位好老板，他能真正引导消费者正确的健康观念，并有决心把保健作为事业来发展。

本想找一位好老板再创一番事业，却想不到有人推了我一把让我当上一家公司的老板。在我一边休息一边思考的时候，一位旧同事找到了我，她也是原来公司的股东之一，比我早离开公司。在原来公司我是她的上级，因为她年纪比我大，我一直都很尊重她，视她为自己的长辈。她告诉我有人找她合作办公司，可因为自己年纪大了，怕精力有限，一直没有办成，现在知道我离开公司了，就想找我来牵头。我拿不定主意，回家找丈夫商量。开始的时候他并不赞成，因为他认为办股份公司不同自己开专卖店那么简单，如果股东之间不能同心同德，共同进退，公司是无法生存发展的。可后来他见我对保健行业如此执著，又没有好老板借力，于是勉强同意此事。他建议我在新公司所占股份要在半数以上，只有这样才有主导权，才可以民主集中地按自己的想法去做事。而且万事开头难，要么不做，要做就全力以赴去做，要充分借鉴前两个公司的成败得失，好好地把保健事业干下去。

丈夫的支持与鼓励，真的是我事业成功的坚强后盾，我引以为傲！

我认为新的公司是上天让我在另一个平台上继续磨炼自己，人不可能随随便便就能成功！我原本计划要按自己的思想好好干一番事业，只可惜公司经营了不到一年的时间，问题就开始出现了：因为股东之间的互相不信任，为了稳固自己在公司的位置，拉帮结派，并在中层人员中抨击我的管理水平。

要寻求公司管理解决之道，自己就必须要有所突破！

华丽的蜕变

我的业余爱好是阅读，每当我遇到问题时，我总喜欢往书店里跑，常常一泡就是一天。那天我发现了一本叫《点醒》的书，作者是林伟贤，我之前并没有看过他的书，可书中的内容与所附的 VCD，其中的观点非常吸引我，从此我就记住了这个名字。

在 2007 年 4 月份的学习型中国首届投资理财论坛会上，我第一次见到了林伟贤老师，他的演讲风格以及对事物发展趋势的前瞻性论断又一次深深吸引了我。在现场我就报名参加了由林伟贤老师授课的美国商学院的 Money & You 课程。在 Money & You 的学习中，有些观点对我原本的思想观念冲击非常大："珍惜应该珍惜的，感谢应该感谢的，发现应该发现的，把握应该把握的，原谅应该原谅的，忘记应该忘记的，发泄应该发泄的，接受应该接受的。"这几句话就像是一盏明灯指引我如何去面对当下的困难。"不要用个人的喜好去决定别人的是非、善恶、对错！"这句话也提醒了自己处理问题要客观。Money 讲的是做事，You 讲的是做人，两者之间既有分别，又有联系。

在 Money & You 课程中，我对 DISC 性格分析非常感兴趣，而当时我的 DISC 性格测试报告中我的 S 型特质非常高，那说明自己性格中有回避为了解决问题而引起冲突的弱点。如果作为一个总经理，明明发现问题，却害怕股东之间有冲突而不去解决，问题非但不会消失反而将会越来越大。于是我决定改掉自己担心引起冲突的缺点，挑战自己，直面问题特别是股东之间的问题。

回到公司后，我用自己所学到的，调整好心态主动去跟股东们沟通并有理有据地分析公司所存在的问题。当时，我是为了公司的生存真心地跟他们沟通，他们也都被我的改变而为之一震。几番交流下来，公司的问题他们也都觉察到了，却不能将自己调整过来，一切依然如故。后来我分析：他们生于中国大时代变迁的四五十年代，受"文化大革命"影响很深，疑心重是他们最大的特点，遇到什么事情不是接纳而是怀疑，沟通成了我们最难跨越的阻碍。股东之间相互不信任不理解，人的部分没有解决好，事情的部分就孤掌难鸣！公司要生存，难！要发展就更不可能！既然看不到前景，我果断地解散了公司。

2007 至 2008 年是我的学习年，我不但学习了 Money & You 课程、Money & You 超级行动力大会、DISC 行为性格分析课程、DISC 顾问训练课程、美国商学院 BSE 课程并参加了实践家 108 讲师班的培训并有幸成为 108 讲师中的一员，还参加了学习型中国成功论坛，聚成公司举办的几场大课，如魅力女性、超强执行力和大客户的服务等等。每一次的学习我都好像吸水的海绵一样，不想错过！

一切正如 Money & You 里所讲：课堂上的学习是为了生活上的实践。

再次上路

在学习的路上，我不断反思自己这十年在保健行业的得与失。之前大多只重视在销售过程中的一些技巧，而对整个行业市场的形势不甚清楚，只低头拉车却没有抬头看路，当然路在何方也很不清晰，只是见一步走一步。企业在市场的定位是什么？用什么商业模式运作？企业经营的理念是什么？企业文化是什么？产品的定位是什么？有什么竞争优势？真正的保健意义何在？在消费者的眼中保健品又是如何？这一系列的问题都需要好好思考与沉淀。

通过整整一年所学到的知识，我觉得自己对保健行业的经营思路越来越清晰了，经过深思熟虑，我决定三次创业，于是成立了佛山市南海妆庭贸易有限公司，公司主要产品仍然是保健品。

Money & You 课堂上 Money 的部分提到中国的利基市场：

1. 孩子
2. 妇女
3. 老人
4. 健康
5. 教育
6. 民族
7. 科技
8. 营建
9. 服务
10. 创意

保健品行业其实是非常有优势的朝阳产业，而目前保健品市场上针对孩子和老人的产品比较多，为了寻找自己企业的利基点，我选择了以妇女群体作为重点开发对象。

产品是企业的灵魂，所以选择产品时我非常谨慎。对经营产品的作用功效、权威认证、生产条件等多方面进行比较，甚至亲自试用印证，最终所选择的产品优势体现在：纯天然，环保无副作用。产品的保健用途方面主要有养护型、调整细胞活力型、改善微血管循环型，还有营养补给型等几大类。

一个人要维系健康，以下这几方面都是需要考虑的：血管通畅才能健康长寿；营养均衡方可预防亚健康甚至疾病的发生；新陈代谢旺盛才可延缓衰老；天下没有丑女人，只有懒女人；懂得养护的女性特别是有意识养护生殖系统的女性才能青春常驻，把"阴毒"及时清除，方可预防各种妇科疾病，才可享受到性福，才不枉此生做一位有魅力的女性。每种产品都有各自的功效，但也相互关联，毕竟人体的生理结构是一个复杂而统一的整体，身体素质个体差异性较大。

因此，妆庭公司的经营理念是：用知识打开市场，以专业赢得顾客，凭服务营造口碑。我建立公司的宗旨是：倡导女性朋友养成生殖系统清洁的习惯，引导有缘的朋友正确的健康观念，只有正确的健康观念，才能有正确的健康习惯，而保健不是治病，不能替代医院的作用，正确地说，它是一种生活习惯。

妆庭公司的企业文化：专业、真诚、健康、服务。

企业的经营模式：加盟店加业务员，个性化服务。因为公司定位对象以女性为主，而女性又以家庭为主，所以在服务方面，我们还提供一些专门针对家庭的活动，比如开设一些女性魅力、家庭教育、家庭成员的 DISC 性格分析等方面的讲座，丰富公司的文化内涵，让顾客得到健康身体的同时，也可拥有一个健康、愉悦的心态去经营好自己的家庭。

加盟店是公司主要的服务对象，公司与专卖店间密切沟通，并派专人管理和配合加盟店的运作。公司为每个加盟店的经理进行DISC 性格测评，通过相互了解性格，让彼此的沟通更畅顺，运作的效率更高。

　　妆庭人都知道，保健品市场在中国经历了十多年时间，但口碑并不好，经营者夸大宣传，消费者期望值过高，这些都是经营者与消费者不能正确客观地认识保健品所造成的。要挽回保健行业的声誉，必须从企业内在素质的提高做起，包括经营理念与企业文化等方面。

　　妆庭人都有一种使命感，为挽回保健品行业的声誉尽自己绵薄之力，耐心、专业地做好每个顾客的个性化服务。要让人们正确客观地看待保健品，就要普及健康常识，让人们正确认识其身体的机能状况，保健产品在预防疾病、延缓衰老、调节身体机能等方面的作用原理，只有这样才是保健行业良性发展的正途，妆庭公司将为此目标而不懈奋斗！

健康人生

　　这十多年来，我经历了保健行业的起源、发展、瓶颈三个阶段。自己也是在不断地选择中走过来的，而每一次的选择有痛苦也有快乐，但我从来没有后悔过，因为每次我都是认真的。我想这应该得益于父亲的良好遗传——认真坚强地走好人生的每一步，我认为这是我人生必修的功课，只要认真面对就无愧于自己。

　　保健事业是我这一生中最情有独钟的选择，我愿为中华民族的健康祥和而奉献自己的光和热！

附：罗靓甄女士的 DISCUS 性格分析报告

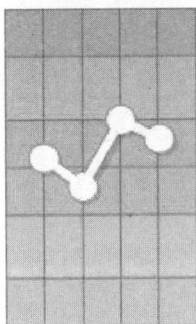 DISC

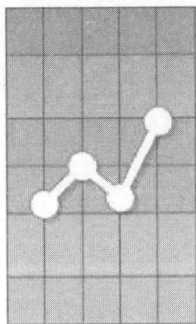 DISC

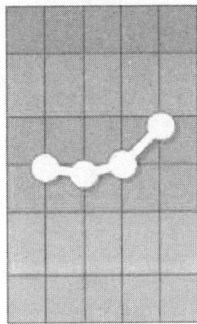 DISC

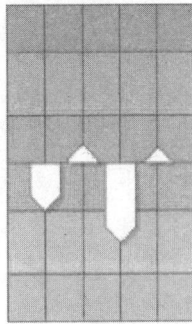 DISC

内在分析表

内在分析表的最高点，代表着你最自然真实的内在动机和欲求。这种行为之所以常在你处于压力时显现，是因为你没有"空间"或时间调整行为。

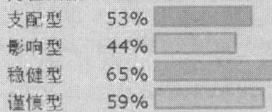

内在因素	
支配型	53%
影响型	44%
稳健型	65%
谨慎型	59%

外在分析表

外在分析表描述应试者认为自己应呈现的理想行为。这种图形通常代表个人试图在工作中采用的行为类型。

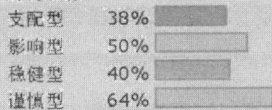

外部因素	
支配型	38%
影响型	50%
稳健型	40%
谨慎型	64%

总结分析表

真实世界里，应试者通常会表现出与内在分析表（直觉行为）及外在分析表（视现状调整的行为），这两种分析表一致的行为。总结分析表是这两种描述个人正常行为图形的综合。

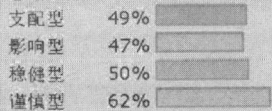

总结因素	
支配型	49%
影响型	47%
稳健型	50%
谨慎型	62%

转换模式

转换模式图形显示应试者的内在和外在分析表之间的改变，并凸显应试者正在进行的性格调整。

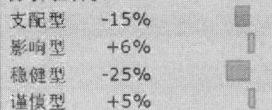

分析表转换	
支配型	-15%
影响型	+6%
稳健型	-25%
谨慎型	+5%

孰甄的分析表呈现出压缩的状态。具备这种行事作风的人有较高的调适性，能够根据情势调整自己的行事风格。在她的工作状态中，可能同时充当不同的角色，需要她快速转换。比如有些领导在团队中可能要同时充当指挥者、决策者、协调者、社交者、规划者……十八般武艺要同时上阵。但有时候这种状态也可能反映着团队中有些成员尚未完全发挥自己的潜能，过于依赖团队领袖。

　　孰甄行事冷静，能用超然的态度去看待正在进行中的各项事宜，因而显得从容自信。遇到问题时，她倾向于不马上表态或决策，而是询问身边人的意见，然后做深思熟虑的思考，务求更全面和充分地衡量利弊，以及厘清执行过程中可能会出现的各种问题。一旦考虑清楚，她就会目标明确态度鲜明地执行，绝不犹豫。

　　在人际关系上，孰甄的行事有度深受欢迎。通常她不太愿意成为社交场合中的焦点，但却绝不保守。与她沟通能清晰地感受到她的热情和主动，并且始终在轻松的氛围当中。通俗地说，我们会用"大方得体"来形容这样的交际作风，让人既感到愉悦和受到尊重，又不会有压力。

　　在具体管理时，孰甄最乐意扮演的角色是组织者。她希望组织大家去共同进行一种事业，在此过程中，追求全面的趋向则会促使她时刻注意团队的方方面面，时刻准备着补位。这也是她的行事作风表现出均衡状态的原因。

小市场，大需求

——修心做人成就事业

林采璇

（东莞日进电线集团董事长 东莞市台商协会理事）

编者按：大部分人认为做大事业就一定要关注大市场——根据大数法则，越多人需要，你的产品就越有可能会被选中消费。就像牙膏、洗衣粉这些不起眼的日用快消品，因为需求量大，蕴藏着不容忽视的金山。

但是，在这些显而易见的透明市场里，同样会面临一众成熟主体的激烈竞争，用规模化来压缩成本进而蚕食利润空间成为横亘在众多实业家面前的巨大障碍，更让资本不够雄厚的创业者在高门槛前望而却步。

因此我们有必要把眼光放远一些，看向那些似乎离我们有些遥远的专业领域，从中发掘被深埋的商机。但无论投身什么事业，都不可避免地同时存在着优势和劣势。成功的唯一途径，就是不断地跨越各种困难。

林采璇是一个无忧无虑的乐观主义者，从来没有埋怨，只有欣赏。人还没有出现，快乐的笑声就已经先跳入你的脑海。她轻松快乐的生活态度让编者重新理解了"女强人"、"女企业家"这些名词。要做一个成功的大企业难，在此过程中能保持轻松快乐的心态更是难上加难。或者正因如此，

41

她从一个不需要拿主意的家庭妇女做到行业老大。以她独特的触觉与魅力去用心经营，挑战高技术的重工业领域，在小众市场中发掘出大需求，成就了一番伟大的事业。

一位大情大性的女子，一项科技尖端的蓝色事业，成就一段传奇，让我们再次领略到世事的奇妙和企业经营的文无章法。

缘分：天上掉下来的企业

我一直都说，日进与我的缘分真是一个奇妙的神迹！在日进的五个原始股东中，并不是我的丈夫李昌厚首先把目光放到大陆市场的。当时日进在台湾发展得不错，几个股东都过上了住小洋楼，养小番狗的舒适中产日子。可是大家都知道做企业也如逆水行舟，不进则退，而且大陆日益昌隆，市场潜力不可估量。因此回大陆拓展业务的决议在股东中没有任何争议地快速确定下来。可在谈到谁来做拓荒牛的时候，大家都打起了退堂鼓——毕竟放弃在台湾的写意生活，背井离乡去一个完全陌生的环境中打拼，不是谁都愿意接受的挑战。而且自己过去打拼赚钱，最后收益还是大家分，谁会去做这种傻事！最后，还是生性憨厚的老公，在"反抗"不果的情况下，被股东们要求先来打前锋。而那时我只是一个相夫教子的太太，从未走进日进的内里，也根本不知道公司经营的那些小九九。糊里糊涂地，就和丈夫开始打包袱收拾行李了。

我只是听说大陆相对台湾来讲，条件相对落后。孩子小的才六个月，大的也才两岁多，而且碰巧都生病了。我对孩子日后的医疗问题忧心忡忡。又怕生活用品短缺，终日惶然忙碌。除了提前半个月就开始准备物资外，更足足有三天吓到无法成眠！我们的行李大大小小共有五箱，夫妻二人拖着这些行李还要带着两个稚子，就这样忐忑不安地踏上了未知旅程。上世纪九十年代两岸还没有直航，往来十分不便。我们几乎动用陆海空所有的交通工具，清晨六点就出发，颠簸到傍晚四点才从福永码头进入广东。

始终忘不了1998年10月8日，我第一次踏上祖国本土大陆的那一刻，老公看着我的表情，他的眼神充满恐慌——害怕我会埋怨、哭闹。后来我才知道之前有很多台湾太太一到大陆就因环境太差吵闹着要回去。他可太小看自己老婆了！我不但没有抱怨广东的脏乱，反而在车水马龙的繁忙中看到了大陆的希望。我告诉他："难怪人家说21世纪是中国人的天下！"他顿时长舒一口气，放下心头的大石！折腾了一天，我们终于到达日进的工厂。此前因为莫名的担心，我已经三天没睡，进入工厂的房间时已经快支撑不住。可在看到房间里简陋的设备时，我崩溃了——竟然连一张孩子的床都没有！我再也抑制不住自己的眼泪。最后，自己连饭都没吃，就绝望地昏过去了。

按照来之前的设想，其实我对自己的定位只是一个"监公"（监视老公）而已。在一个陌生地方从头干起，当然不会一帆风顺。对此我们也都有充分的思想准备。可始料未及的是，股东们彼此之间开始不断发生争执，甚至有人想退股。争执的背后，无非是有人对大陆市场的扩展失去信心。一旦有人开始退股，这种沮丧就像多米诺骨牌一样推倒了后续的许多位。几个月后，大家真的莫名其妙地陆续全退股了。因为老公一直都主营技术，面对这样的巨变，他无计可施，于是两夫妻关起门来自己想办法。才短短几个月，我竟然从一个"监公"变成了唯一老板娘。对我而言，它完全是一个从天而降的企业。就这样，在没有任何准备的情况下，我糊里糊涂展开了生涩的经营生涯！

43

摆在眼前最大的挑战是，连最了解日进的老公，因为过去股东分工的关系，也没有任何的管理经营经验！他的优势是技术研发，而我又没有管理过工厂。于是，在没人可以指导的情况下，我只能硬着头皮摸石头过河，再加上对大陆的现况、人文经济环境没有任何概念，那段日子里我每天如坐针毡。而时间一天天过去，事情临头还是得一件件解决，自己只能从中吃一堑长一智。每个月的开销及工厂每天运作巨细靡遗的管理问题，从保安管理、员工伙食、现金流控制、客户对账、应收应付、仓库管理到客户开发等问题的处理，天哪！排山倒海的细节一波接一波地向我拍来，没有任何喘气的机会！对一个完全没有管理工厂经验的我而言简直是酷刑，而我本身又是一个十分感性之人，天性浪漫随性不受拘束，更不善于规划，也就是 DISC 中的所谓的高 I 型的性格，接受这样的任务是极端的不可想象！况且我还有两个嗷嗷待哺的稚子需要照顾……

　　我在实践家举办的企业家分享会时曾讲述过这段经历。当时有一位女学员十分好奇地举手问我：“林老师，您当初为什么会有勇气接下这个任务？”听到这个问题的时候我愣住了——十分惊讶，原来这件事在他人眼里竟然是需要勇气的！

　　其实我的想法好简单，当初股东们退出时，我只觉得大家来之前一定是认真考虑过的，既然认真评估过就不应轻言放弃，而且看身边的老公也没有退意，我就这样傻傻地一步步走过来了！

追求：打造自己的核心竞争力

　　日进在大陆发展的初期，并不被看好。所以才会有股东的争议与退股，也才会有我今天的关于一连串奇迹的分享。日进的成长主要是伴随内地的高速发展一路走来，我深知这个机会的降临，于我们是何其幸运何其福报的撞见。同时我也自省了一下，为何在许多同行不支倒地的时候，日进还能屹立不倒？在未来的日子里，日进可以倚仗什么继续立于不败之地，进而谋求持续的发展和成长呢？面对以往的成功，我们除了感恩之外，必须往更高的高度去深思。对于我这样一个完全外行的浪漫家庭主妇，从懵懂变成老板娘的硬撑，到无数次无语问苍天的挣扎，再到今天一个充满使命感的女企业家，从只想赚点钱到想贡献力量，提高自己的社会价值，从单一产品到多样产品，从一个工厂到四个工厂，从孤军奋斗到万众一心，从痛苦硬撑到乐在其中……我发现自己在大陆得到的何止是肯定与成就，更多的是人生完满的幸福与奇迹！

我内心无时无刻不充满着感恩，也日夜思索着如何让日进企业的价值提升到最高，让日进所有的家人幸福快乐，让日进企业成就更多的人！这些年来，我不停地摸索，鼓励自己勇敢执著地追求，我愈来愈相信我来到这个世间是有使命的！

刚到内地的时候，为了节约成本，有两年我都没有回台湾，一直到父亲病危，我才从大陆赶回去，看见了自己这一生最爱的父亲留着最后一口气等我，等着他最心爱的女儿！我的心碎了！由于在大陆的奋斗同时又要照顾一双幼子，在父亲晚年生病的这段时间，我都无法在病榻旁亲尽孝道，直至今天，想起此事，满心的遗憾与愧疚仍是不能释怀。在他逝世的那一晚，我握着他渐渐冰冷的手，想起还在大陆的老公、一双稚嫩的孩子、处理不完的厂务、孤身奋斗的悲苦、早已流干的泪水，我似已痛到深处，直想质问上天，自己到底做错了什么，需要来承受这么多苦难！绝望中，我似乎听见一丝来自上苍的声音，他轻声却坚定地告诉我：

"采璇，你是有使命来到这世间，因为你的能力及历练不够，必须磨难你，让你成为坚强智慧的人！'天将降大任于斯人也，必先苦其心志，劳其筋骨，饿其体肤，空乏其身……'"

就这样，我看着眼前影响我最深给我最多爱的父亲的遗体，默默地发誓：我会勇敢地挺过去，绝不会让任何事击败我！我相信父亲一定会永远地支持我，一如他生前对我的疼爱。虽然当时还真的不知道我的使命到底是什么，但我却充满勇气与力量地坚强面对命运给予我的所有安排。一路走来，我的路也愈来愈见平坦……

可能因为多年来的经历和自己性格的关系，虽然日进是一种偏蓝色的生产工业，终日与生产组织、技术、原材料打交道，工作的核心在于关注事情，但我始终觉得，生产组织、管理系统是靠人组成和运转的。出于对人的关注，我花了不少时间和心思去整理日进的企业文化，并且尝试从中找到日进的核心竞争力。这种竞争力不是因为技术，不是因为资本规模，而是源自我们员工本身以及组织的理念传承。技术可以被超越，资本可以被消耗，而只有文化的传承，才能成为持续发展的原动力。

在大家的共同努力下，日进渐渐形成了一套完善的企业理念、价值观、员工培养体系等企业软件，正是这些软件伴随着我和日进走过多次金融风暴和危机。在这里，特别与各位读者分享，希望在未来的日子里，它仍能不断完善和发展。

日进的企业文化

一个原点，两个主轴，四个理念，十个价值观。我们追求与众不同的格差竞争力，也就是人格差异化竞争力，而不是可复制比较的较差竞争力：（参照下图）

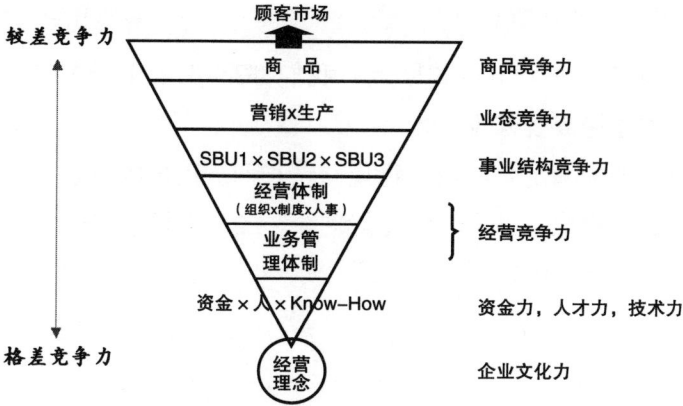

较差竞争力 ↑	顾客市场 ↑	
	商　品	商品竞争力
	营销×生产	业态竞争力
	SBU1×SBU2×SBU3	事业结构竞争力
	经营体制（组织×制度×人事）	经营竞争力
	业务管理体制	
	资金×人×Know-How	资金力，人才力，技术力
格差竞争力 ↓	经营理念	企业文化力

我们理解的企业文化：

共通的价值观 × 共通的思维方式 × 共通的行动方式

　　↓　　　　　　↓　　　　　　↓

（心）　　　（脑）　　　（手、脚）

企业文化的重要性：

　　企业文化是一个能量场

　　企业文化是一个感染的氛围

　　企业文化是一个无意识的引导

　　企业文化是一自然的磁场，吸引

　　企业文化是一个企业的素养与底蕴

　　企业文化是一个看不见的最巨大的力量

　　企业文化是企业每一个人每一天做每一件事的原则与标准，必须随时随地相互提醒检视

　　我们相信企业文化必须是宣导，渗透，用心，以身作则去感召……

　　最后坚持：道不同，不相为谋。

一个原点：一个宇宙的原点，我们都是宇宙的一员，唯有与宇宙和谐一致才能成就喜悦。

两个主轴：满足企业员工物质与精神两方面的需求。

四个经营理念：（1）经营姿势理念；（2）市场战略理念；（3）经营体制理念；（4）社会性的理念。

经营理念的定义：

如果把企业比喻为人，经营理念就相当于人的人生观。

经营理念就是经营者对于创办和经营企业的根本价值判断，是面对外部环境变化进行决策的价值判断标准。

盖教堂的比喻：

第一个人气喘喘的满脸不高兴，问他在干吗，他说他在赚钱；

第二个人很专注地做事情，问他在干吗，他说在他在盖教堂；

第三个人很高兴，满脸笑容，神采奕奕地在干活，问他在干吗，他说我在为上帝及人们建一座最伟大的精神宫殿。

三个人工作一样，但是感觉完全不同。第一个人用身体工作，觉得累；第二个人用大脑工作，很专注，但并不快乐，就像现在的职业经理人；第三个人是用心在工作，十分喜悦！如果企业的成员都能如此工作的话企业就充满活力了！

一、经营姿势理念：我们的理念是以科技传递美好生活。

何谓科技？即利用科学的研发过程提高工艺、设备、性能的技术调整从而改良改善研发的成果，这是可以无穷无尽开发进步的。

何谓美好生活，我们有自己相关的十二条定义。

二、市场战略理念：我们在高温电线、硅胶制品、配线的专业领域与优质客户共同研发，创造差异化 NO.1 市场，共创对社会的贡献。

何谓优质客户，即：

1. 拥有利他的经营理念；

2. 拥有与我公司相近的企业文化；

3. 拥有创新的企业精神；

4. 拥有可持续发展的产品与技术；

5. 有明确的市场定位：NO.1 或 ONLY.1。

三、经营体制理念：我们以人的成长为根本，以科学数字的管理为方向。

四、日进的社会性理念：培养有利他精神，有能力为个人、家庭、企业、社会创造价值，造福国家，拥有国际视野、贡献世界的优秀人才。

总论：以日进企业为平台打造一个培育人才的摇篮，培养有能力为个人实现梦想，为社会创造价值，造福国家，拥有国际观视野、贡献世界的优秀人才，实现以科技传递美好生活的企业愿景……

何谓优秀人才条件，我们会有清晰的十二条定义。

日进愿景：两年内培养出日进集团人才济济的团队，我们会清晰地定出人才的素质及目标。

日进的十个价值观

日进价值准则一——鼻祖篇：

1. 日进理念：以科技传递美好生活

2. 日进定位：高温电线行业领航者

3. 日进精神：日日求精，日日求进

4. 日进品德：诚信为本，感恩回馈

5. 日进准则：坚定目标，精细流程，责任到人，数字说话

6. 日进经营方针：结果导向，共赢体现

7. 日进管理理念：严格才是大爱

8. 日进服务理念：换位思考——我能为你做什么

9. 日进行动作风：快、认真、坚守承诺

10. 日进决策作风：鼓励创新，绝对服从

11. 日进执行理念：检查重于信任

12. 日进执行宗旨：没有借口，只有方法

13. 日进座右铭：胜不骄，败不馁，坚持到永久

我们鼓励终身学习，行动实践，我们打击负面消极，拔除烂草莓，创造美丽的能量场。

日进价值准则二——哲学篇：

1. 以心为本

2. 大家族主义

3. 全员参与

4. 独创性经营

5. 高目标追求

6. 宇宙意志和谐

7. 踏实努力累积

8. 经常性创造性工作（今天比昨天进步）

9. 以利他作为判断标准

10. 强烈的欲望潜意识挖掘

11. 永远乐观构思但作年度计划

12. 真正的勇气与信念是要随时想到并防范可能的障碍

13. 随时充满斗志

14. 定价即经营

15. 创造最大化销售额最小化经营费用

16. 目标彻底达成的决心

日进价值准则三——宇宙定律：

1. 因果关系——种豆得豆，付出才有回报

2. 能量守恒——付出与收获

3. 优胜劣汰——进化的原则

4. 吸引定律——和谐共振

5. 马拉松精神——生生不息

6. 爱与感恩——生命的动能

日进价值准则四——用人准则：

1. 经营能力＝姿势 × 意识 × 行动力 × 见识

2. 不断完善的选用育留的机制

3. 为员工量身订制职业生涯规划

4. 优胜劣汰的自然进化法则

5. 强迫成功的培训系统

日进价值准则五——能量无穷：

1. 活在当下

2. 一期一会

3. 笑傲江湖

4. 顶天立地

5. 利他原则

日进价值准则六——科学管理：

数据八大制度：

1. 建立起八大制度，经营管理会计、制度、数字量化

2. 独立核算制度

3. 分权制度

4. 略费用

5. 经营体制

6. 经营管理

7. 业绩评价制度

8. 评价活用制度

运营九大计划：

1. 市场方针计划

2. 体制方针计划

3. 人才方针计划

4. 财务方针计划

5. 技术开发方针计划

6. 企业文化方针计划

7. P/C 计划

8. B/S 计划

9. CF 计划

决策四大原则（基础）：

1. 三赢基础

2. 长远发展

3. 坦诚沟通

4. 集思广益

日进价值准则七——执行力：

"5W2H"：

"5W"：

1.why 目的、目标

2.what 做什么

3.where 做事的对象、地点

4.when 何时开始、结束

5.who 谁来做

"2H"：

1.how to 怎么做

2.how much 花多少费用

一个方向：先策划后执行

八大步骤：

1. 工作内容

2. 要求标准

3. 完成时间

4. 分解检视点（分解细化，并有完成进度计划）

5. 落实责任人

6. 落实检查者

7. 承诺

8. 定时检讨，持续改善，全员签署执行力协议

日进价值准则八——领导力：

1.会议主持的能力。

会议目的：解决问题，达成共识，展现自我，发现人才，文化积累宣导；

会议准则：会而必议，议而必决，决而必行，行而必果；

会议要求：形成检视点，按时间、过程、结果检视。

2.经营规划能力，沟通协调能力，组织能力，影响力，包容力，魅力，学习力，教育能力。（写出来，做出来，讲出来，教出来）

3.八点领导力：激情，承诺，负责任，欣赏，付出，信任，共赢，可能性。

4.选用育留的能力：选对人，放对位子，人人入职必做二份测评

（1）DISC 的工具测评——我是个高 I 型的领导人；

（2）九型人格——我是 7 号特质。

日进价值准则九——成功方程式：

福报 = 时间 × 汗水 × 功德

功德的最低标准：己之所欲，施之于人，己所不欲，勿施于人。

日进价值准则十——永不抱怨：

我们日进十分重视企业文化，我们更重视每位日进家人的成长，我们也相信快乐才是生产力，我们全力打造家庭化、学校化、军事化的组织。

由于篇幅的关系就先分享这些到这里，相信有机会我们可以作更进一步的探讨。

求知：人生精彩的十堂课

在大陆我收获了生命的奇迹与幸福，其中最庆幸的是这些年我能走进许多优秀导师的课堂，透过精彩课程的呈现，我打开我的心，也打开我的智慧，更让沉寂已久的爱彻底苏醒。学习让我成长，更让我重生，也完全改变了我的一生！

以下十堂课是我总结出来，让我非常受益匪浅的：

1. 教练技术系列
2. 实践家讲师班
3. 实践家 M & Y 与 BSE
4. 李中莹老师的 NLP
5. 行动成功赢利模式 / 教导模式
6. 系列心灵成长课程
7. 辟谷及静夜养心
8. HB 管理计数课程
9. 赖淑慧老师及张锦贵教授的幽默风趣
10. DISC 的人际沟通应用

在学习的道路上，感谢许多贵人朋友的支持，是他们让我进步神速，也让我的企业和员工得到飞快的提升。但说起我的学习之路，刚开始自己还对此很不屑。因为从小我的学习成绩一直都很好，很爱看书，工作表现也一直十分优秀，于是十分自傲，觉得没什么好学习的。

第一次认真对待学习，是因为公司新来了一个台干主管，这位主管之前代理教练技术课程的销售。为了捧她的场我去上了第一阶段，没想到自此打开我的学习之路。教练技术的课程可以说是让我获得重生，讲师班让我流畅地公众表达，实践家 Money & You 让我打开视野与孩子一起学习，BSE 让我看到更宏观的商业模式，而接下来的 NLP 让我个人修炼获得更高的提升，赢利模式让我拿到实操的管理工具，教导模式让我的大爱苏醒，心灵探索让我回归真我的力量，辟谷及静夜养心班激发我无限潜能，日本战略课程让我将企业管理与心灵成长系统地串联在一起，赖淑慧老师及张锦贵教授的幽默风趣更让我真正看到大师是如何将这些智慧不着痕迹地应用在生活上……

总之，要感谢的人太多！这些伟大的讲师们在各自的领域用他们的专业改变人们的命运，开启人们的智慧，创造社会的和谐与美好。

经过这些系统的学习，我很快对自己的企业进行了重新定位，自己也从一个营利的老板转换为一个有使命感的企业家，从一个很辛苦的工作狂到一个很快乐的领导者，从三流的执行者到二流的管理者再到一流的领导者，更让我从一个孤军奋斗的怨妇变成统筹万众一心的企业家。我觉得自己真的是一个幸运的人，我的内心除了感恩更有报恩的决心！

现在只要有人进入我们企业，都会有这样一个感觉，那就是我们有一个企业文化氛围非常浓厚的环境。愈来愈多在企业待过的员工离开后都十分怀念并感激日进！我们在一起，方向一致地快乐工作。每天看见他们，与他们一起规划工作是我最开心喜悦的时刻，我爱他们，爱他们的朝气，爱他们对工作的热爱和投入，爱他们对日进的执著与付出。

在我写下这些的前一天，跟老公聊天时刚好提到人的福报来自于功德。我俩都是十分孝顺的人，我结婚前为父母拼搏，婚后为孩子、老公，现在为员工、为社会，我一生几乎都是在为别人拼搏。所以人哪，真的就如我们企业文化所说的能量守恒的宇宙定理：愈付出愈有收获。

发现：要互信与感恩

今天能有机会在此分享我的一些心得，也是缘于 DISC 的课程。"人与人因为共通而走在一起，因为差异而获得力量持续地走下去。"我在这个课程里收获很多，也认识到很多优秀的同学，日进企业在用人环节也是采用这种科学的工具，十分有成效。在生活上，我更发现了我们一家人的特点，还发现一些我与老公互补的特质。

我是一个 I 非常高的人。曾经一度能达到 95%，但是我现在已经下降了。因为后来我发现自己的工作角色需要我去调整行为。很多人都说，你要管这么多人，当然是个大 D 啊。其实，我本来是没有 D 的。

我请了一个保姆，她卫生习惯差，小孩又带不好，在家偷偷睡觉，真的很想把她开除，可在她面前，自己就是"嗯啊嗯啊"地讲不出来，没有办法说出要让她走。因为太关注别人的感受，就是很感性的一个人。情感上的压力远远大于现实层面中需要我自己承受的压力。

但自己现在已经在逐步进行调整，企业要做系统、做流程，我就必须在工作上表现一种精密强势的作风！我一直在朝这方面努力。

人生真如一场戏，我们是戏里头的主角，每天都有既定的角色，可为了适应每一天的突发剧情我们还得客串不同的角色，在剧中跟身边的每一位伙伴去进行配合，来将这场戏演得精彩、漂亮，让我们能乐在其中，收获最大的幸福和成就。

有时候我们很容易给别人贴一个标签，稍微凶一点，贴个标签就说你高 D——你这个人基本没有什么人性——但也许人家回去对他女朋友很好，他也有自己感性的一面，特别是在不同的场合。同时，我们也很倾向于给自己找借口。我高 I，有时候我在主持，同学们他们叫我当秘书长，秘书长经常要主持，我就老是给自己找借口。我是高 I 的，好多流程，自己也不是不喜欢。

一个人在认真改变自己的时候，其实过程也很值得享受。用心一点，就能把它主持得很好，同时还可以发挥我高 I 的特质。但是，我们需要进行自我调整的时候，是会产生一定压力的。如果自己的团队中，有下属的性格特别扭曲，到他不堪重压的时候，我们领导就要亲自去和他面谈，从他的工作表现，从他的各方面表现跟他深入去沟通。

在团队沟通中，掌握方法特别重要。以我为例，我的态度是什么，要怎么样来跟我相处呢？我最不能忍受那种讲话不清楚——一句话讲半天的那种，听起来真的让人受不了。所以跟我在一起就要高效率，讲求速度。我喜欢效率，公司在管理上还有一个时间解释点，超过这个解释点一定是以执行为协议。

那应该怎么样"对付"我，给我什么样的支持，帮我达成怎样的目标呢？

我在工作上是高 I 的，我为了逼自己有 C，就开始注重细节，但是对于我来讲每天让我去做那些流程，我会觉得痛苦指数很高。我有一个助理是 C 型，我简直爱死她了，因为每次自己胡说八道，说完了都不知道讲了些什么，可是她能帮我列成一百多条。超好！这样多省事，领导就是用人，所以不同性格的人配搭来用最好。

生活上也是一样，我是高 I，我老公是高 S。高 S 遇到高 I 会怎么样？两个字，就是听话。感觉很 nice，很配。我常想假如老公不是高 S，而是高 D，会怎么样？——我们基本上可以锻炼成空手道高手。

我们已经结婚十多年，但感情是越来越好，因为他非常享受高 I 这样的一种灵活性。他经常含情脉脉地看着我说，你去当讲师很好，到时候很多人尊敬你，我也顺便沾点光。

当初他刚开始追求我的时候，买了一个麦当劳来到我家，用个袋子装起来，我就好高兴——耶，麦当劳啊！结果我一打开，你猜我看到了什么？戒指？戒指没有汉堡包那么大啦。我一打开——50 万！我说这是什么？他羞涩地跟我说："没有啦，给你当零用钱。"好像做错事一样心虚，然后我就很感动。后来又有一次，在聊天的过程中无意间说："现在如果我们在夏威夷的海滩，那该多好。"一个礼拜之后，两张夏威夷的机票就出现在我的桌上。因为他知道我喜欢这些浪漫，他就会去为我做。但反过来，漫长的岁月过后，这些又成为我们共同的珍贵回忆，点点滴滴维系彼此浓浓爱意。

我现在拥有十分幸福的家庭，我也拥有一群上进积极同心同德的日进家人，更拥有一群亲如兄弟姐妹的好朋友，还有一群志同道合的老同学，没法不觉得自己是全世界最幸福的人，我心里头时刻地感恩着！

回想自己这一生的座右铭，每个阶段它都一直在影响我，也引领我一步步走到今天，在这里也和大家分享一下，就如在四十三岁之后我的座右铭已经改为了"万法唯心，世界大同"，小时候读《礼运大同篇》时就很向往里面的境界，觉得那个境界好了不起，现在我在心里许下这个愿望，期许自己朝向这个方向更加努力！

我的座右铭：

21 ~ 25 岁：爱自己，是一个人一生浪漫史的开端

25 ~ 30 岁：有容乃大

30 ~ 34 岁：浮生宛然，自在流转

35 ~ 39 岁：境随心转，事随愿生

39 ~ 43 岁：感恩命运，一切都是最好的安排

43 ~　　　：万法唯心，世界大同

结尾：大江奔流浪淘尽

去年我和老公一起去过日本进行日本的理念之旅，在日本考察旅游的时候，我敬爱的老师告诉我们，不管是经营企业还是做人，说到底就是一场修心的过程，今生，是用来给身心修养的期限，是提供灵魂修炼的场所，我们都在修炼去时比来时更好的灵魂。就有如《三国演义》中的诗句所写一般，我们都只是过客而已：

滚滚长江东逝水，浪花淘尽英雄。是非成败转头空。青山依旧在，几度夕阳红。

白发渔樵江渚上，惯看秋月春风。一壶浊酒喜相逢。古今多少事，都付笑谈中。

附：林采璇女士的 DISCUS 性格分析报告

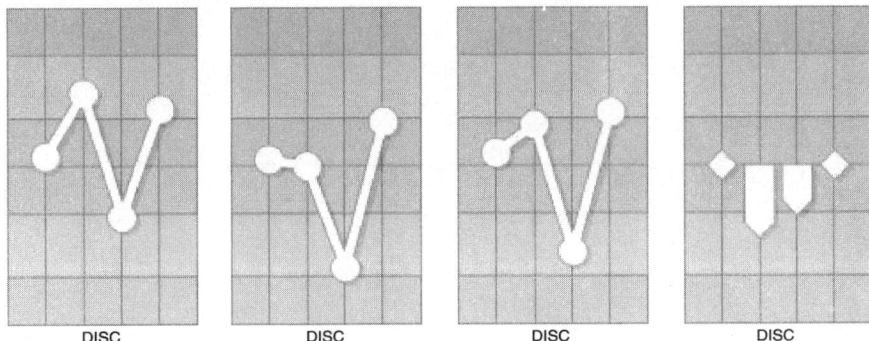

内在分析表

　　内在分析表的最高点，代表着你最自然真实的内在动机和欲求。这种行为之所以常在你处于压力时显现，是因为你没有 " 空间 " 或时间调整行为。

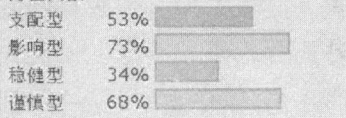

内在因素	
支配型	53%
影响型	73%
稳健型	34%
谨慎型	68%

外在分析表

　　外在分析表描述应试者认为自己应呈现的理想行为。这种图形通常代表个人试图在工作中采用的行为类型。

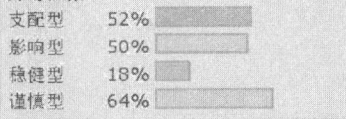

外部因素	
支配型	52%
影响型	50%
稳健型	18%
谨慎型	64%

总结分析表

　　真实世界里，应试者通常会表现出与内在分析表（直觉行为）及外在分析表（视现状调整的行为），这两种分析表一致的行为。总结分析表是这两种描述个人正常行为图形的综合。

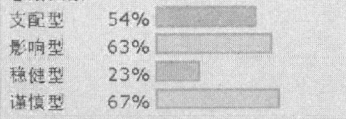

总结因素	
支配型	54%
影响型	63%
稳健型	23%
谨慎型	67%

转换模式

　　转换模式图形显示应试者的内在和外在分析表之间的改变，并凸显应试者正在进行的性格调整。

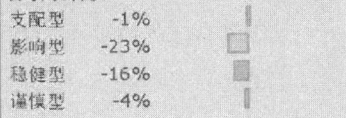

分析表转换	
支配型	-1%
影响型	-23%
稳健型	-16%
谨慎型	-4%

林采璇喜欢与人结交，且自信、外向。她的那有说服力又开放的待人风格，让她能够很快又容易发展出良好的人际关系。她的自信意味着她很少怀疑自己的社交能力，因此非常适合做传播或与人沟通、谈判的工作。

　　采璇的善于沟通又开放的特性指出她倾向于相信他人，至少她比其他的人容易向人吐露自己的心声。采璇精力充沛而热心的性格，对于他人有激发作用，同时她在必要时可以掌控大局，是开放式的团队领导者。

　　采璇 IDC 都不低，这使她充满活力而活跃，并且善于把握时机。具有创意十足、喜欢冒险的人生态度。同时她的特质也使她喜欢针对她的想法与感觉侃侃而谈。必要时，她会为她的团队制定出完善的系统，以便她能从小事中脱离出来，专注于自己的新想法和大方向。

书画人生，伯明感悟

关伯明

（"知识行者"集团创始人之一）

编者按：伯明先生商海沉浮多年，冷眼旁观多年。从他的角度看人生看经商，掺杂着中国传统文化和英式思维，有非常独特的味道，值得细细斟酌。不要认为香港人接受的都是"鬼佬"教育。在文化和思考上，他们保留了相对完整的岭南特色。交谈中，时不时蹦出的古汉语和古代人才用的语法，让人新奇之余，总有古韵悠长的错觉，甚至觉得他们隐隐有冷冽的魏晋之风。

伯明先生很是幽默，短短的直发瘦长的脸，加上看似诙谐实则观点强烈的话语，众人笑称他为"鲁迅先生"。原是欺负香港人不懂鲁迅的，但原来他们也懂——伯明先生即刻横眉冷对："是的，我也常说恶毒的真话，真真不留情面。"又是惹来哄堂大笑。

伯明先生的文章简短却精练地道出了他对于商海搏击的几点体悟。细到如何写一份好的商业报告，大到如何自我修炼如何对待失意，没有特别要表现自己什么。散文，像一幅国画。兴之所至，笔由己心。

63

人生：做人做事需要写意与留白

从古希腊开始，西方的传统绘画艺术一直强调写实，那些15世纪以来的大师更是能在画布上如照相般将人物景致表现得栩栩如生。

中国画走的则完全是另一条道路。

传统的中国画源自于士大夫文人的文化，讲究的是写意。琴棋书画作为士大夫文人的修养，渗透了中国文化的元素。在传统中国画的文人画家眼里，如实地表现人物景致，不过是世俗的画匠笔法。唯有以形出神的写意，才算得上艺术之作。

在传统的中国画里，"留白"是常见的形式。

所谓留白，就是画面并不画满，在描绘的人物景致四周留有大片的空白。

传统的中国画，人物与景致自身就很简约，只在作者最聚焦之处以最简洁的笔法着力勾描渲染，主体表现对象求其形达其意，再配上其身外"留白"，让整个画面突出意境，给人以自由想象品味的视觉空间，多少有"大象无形"的意念。

说得通俗些，"留白"既是为了"聚焦"，也是延伸想象的符号。

其实，做人做事也需要"写意"与"留白"。

我常常看到很多人做商业报告，一、二、三至甲、乙、丙再至A、B、C……林林总总极尽规范之能事，很符合MBA课程上教授的规范方式，但看上去整齐得乏味，很难引起看报告人的兴趣和赞赏。

这些商业报告缺乏的就是"写意"。

任何商业项目，总要有吸引人的商业卖点。就像画中国画一样，这些卖点需要写意似的着力表述，勾描渲染得看似简洁，却能让读

我的人生我做主

者"聚焦"于斯,为之神往,价值凸显出来,方能达到制作报告的目的。

西方的商业习惯和规则讲究严谨规范。

在此基础上,学习和掌握中国传统的写意技巧则能在严谨规范中体现"性感"。

广告宣传上也同样如此。

广告有着表述时间、空间的限定,更需要"写意"的手法。好的广告,不仅要有集中于一点并打动受众的精彩表述,而且这表述还要能引起联想。

广告的"留白"就在于联想之中。

此外,对于某些项目设计、开发的主导者和管理者来说,传统中国画的"写意"和"留白"也有借鉴的作用。

任何一个较大的项目,在评估可行性后,设计、开发的主导者与管理者都要做项目的总体技术研发规划。有些人(特别是技术出身的人)喜欢举轻若重,依照自己的专业技能和理念把项目骨干、枝杈规定得细致入微、满满当当。而聪明的人则举重若轻,刻意着笔于项目最核心的功能、性能和作用,尽可能不涉及方方面面和细节硬性设计,以"写意"而使自己的研发团队深刻清晰地认识到项目的精要,以"留白"来激发团队脑力资源发挥,围绕精要施展团队的想象力、创造力,以达到纲举目张的效果。

今天,资深人士真的不能轻视年轻男女的悟性与能力。他们一旦有激情和追求,时常会有令人称奇的出色表现。

关键,你是否能很好地"写意"以示,给予了"留白"的空间。

商业环境里,表述是必不可少的行为。

会"写意"者方可深刻、性感地体现其意。

会"留白"者才能使其意更好地被丰富充实。

能使"写意"与"留白"恰到好处者，大师也。

这是"画外音"。

冷眼：常自省，常体悟

人贵有自知之明。

此话知者甚多，而达者甚少。

原因在于当局者迷。

从销售第一台电脑开始，到接下第一笔大的采购单子，我在商海里起航，有过许多欣喜的时刻，开上名车，出入于灯红酒绿，受到朋友的恭维，不是没有沾沾自喜的瞬间。年轻人该有的浮躁都多少有些。随着年龄增长，又从做高级打工仔、与他人做公司，自己做公司，经历得多了，见识得多了，心得也渐渐开始积累多了。

谈起心得，一是悟身外，二是悟他人，三是悟自己。

悟身外，无非是悟事、悟环境、悟时机。

悟他人，无非是总结人情世故，悟与上下合作者、同事交往的是非。

悟自己，则是悟自我成败之缘故、责任。

在这心得之中，前两悟易，唯悟自己难，而其中更难在于悟自己的弱点与过失。

人讲究风度，表面上可以不怨天尤人，但内心深处不怨天尤人则很难。往往谈起某些事情看似潇洒平和，但言语间总不免掺杂怪罪运气、环境条件和他人的蛛丝马迹。潜意识里对外界因素的怪罪要大于赞赏，对自己的批评要小于理解。

做圣人的确很难。

毕竟，我们大多数人还是凡夫俗子。

这很影响进步。

就我本人而言，对自己批评认识最多的时候往往是"赋闲"的日子。

平日里上班，深陷一大堆日常事务当中，困难时绞尽脑汁左右抵挡，顺利时意气风发纵横驰骋，业务、财务、人事纠缠身心，哪里有"悟"的时间和情绪？

只有一事已了而一事待做之间的空闲，才能静下来去"悟"。

此时，没有秘书、部下堵在办公室里十万火急等待指示，当然也不至于因出现麻烦心急火燎地脱口责怪他人，闲暇自然更能心平气和，有心情和时间好好悟一下。

不满：既不满则求进

光绪十五年二月的事。

醇亲王奕譞根据古书的记载，请能工巧匠精心制造了一件黄铜的"欹器"。它是带有警世意义的"宥坐之器"，注水时"虚则欹，中则正，满则覆"。传说古时置之庙堂放在人君右侧。据说孔子周游列国时，在鲁桓公的庙堂见过此物。

奕譞复制的这件欹器造型精美，工艺水平很高。器架上梁横刻："子子孙孙永葆弗谖"，容器正面刻"满溢"，背面刻"坦坦荡荡"。还有铭文记曰："周庙欹器，汉末已亡。其制杜预、祖冲之尝臆造，今亦不得其详。唐代髹木之说甚简，仿制为难。余素以高危满溢自警，兹铸斯器置之案头，效古人宥坐之意开志数语。"文后刻款为："大清光绪十五年二月皇七子制"，还有阳文"醇亲王印"和"九思堂印"各一方。

67

醇亲王奕譞是光绪皇帝的亲生父亲，慈禧的小叔子兼妹夫。慈禧还为了压制其哥哥恭亲王的势力，让他取而代之，做了清朝军机大臣的领班王爷，相当于今天的国务院总理。可谓当朝最显贵的皇族王公。

可这位大红大紫的显贵却专门制作了"欹器"，作为传家宝。

就做人修身而言，醇亲王奕譞应该算明智之人。

得陇望蜀，人之常情。

今日商界之中，做老板的固然希望企业越做越大、赚钱越赚越多，打工的也追求呼风唤雨、职高权重。商业社会需要这样的心态，否则就不会有竞争和发展。

但成功人士也应该心中有一个"欹器"。

任何事情满则溢、则倾。

中国传统文化因此而主张"抱残"，即不要硬性追求"圆满"。因为凡事达到了满的极限，就没有了缓冲回旋的空间，难免会"过"，而过犹不及。

就商场做事而言，凡事只有更好，没有最好。任何市场总有空间限制，高处不胜寒，总想斩尽杀绝，往往事倍功半，资源死缠乱斗于狭隘的寸地，图圆满之名而钻入牛角尖，难免成为水井里的牯牛，拼出个得不偿失。

一个"完美"的虚名往往累死人。

更何况，斩尽杀绝对手其实是在给自己挖坑。

没有了竞争对手，也就失去了自省和警惕，发展的惰性会悄然滋生，睥睨天下的傲气早晚会孕育巨大的危机。

初出道者要的是锐气和韧性。不满是建功立业的动力。

功成名就者越是春风得意越要有"不满"的克制。此时的"不满"

非当年的不满，指的是事业不可求满，自我不可心满，要防止满则溢、则倾的状况。

人，以自省而求有度，难。

人，以"抱残"自省，势所必然。

否则，比尔·盖茨正当壮年何以急流勇退？

此外，成功者求之"不满"也并非是以消极的态度来对应此成功，而是积极入世者开始新事业的启动。

但凡做任何事情，都需要集中资源全力以赴。盛极必衰，事业发展到顶峰则必然会走下坡路。市场的占有率从来都是越到争取最后的份额越厮杀激烈，每一小步都需要极大的资源投入，投入产出比则越来越不理想。因而，明智的成功者都该把握"不满"的策略，巩固下最有效益的地盘，以接近突破"不满"为警戒点，审时度势地考虑将资源用于开辟新的领域，摆脱执迷沉溺，重新开天辟地。

既然前景已近饱和，何不开辟新天地？

"不满"是讲究效率的做法。

对成功者而言，做事、做人都应心中有"欹"，谨求"不满"。

"不满"看似消极，实乃积极，如何理解、把握则是仁者见仁、智者见智。

难平：何妨看淡些

人生际遇有起有伏，商海起航，鲜有波平如镜，虽不至于时时刻刻惊涛骇浪，但总有潮起潮落，其间淘尽多少凡夫俗子、英雄豪杰。更有多少商号，开始时轰轰烈烈，转眼间偃旗息鼓，有运筹失误者，有周转不灵者，有人谋不臧者，有祸起萧墙者，有因财失义者，种种败因莫不在头一二年浮现，当然面对种种不利因素，不同性格之人自有不同选择。有怯者急流勇退，有谋者隐忍不发，有勇者加倍下注，有狠者手起刀落，减人减规模减成本，以求挺过难关，站稳阵脚，再图后计，然因人事而定成败者居多。

商场之上，自然有人喜欢单打独斗，但行走江湖，更多是靠结伴而行。因此，搭档做生意的居多。人与人之间互有长短，相济互补，可如遇人不淑，则可谓与狼共舞，死得会很难看并很郁闷。

近见友人，满头白发，一脸落寞，细谈始知又是为生意烦恼，近因与搭档意见相左，有意求去，或贱价收购，朋友性格平和，性不好斗，本已打算卖掉公司，逍遥自在，再作打算，唯有人告之，其实有人早前提出合并，开价远比其搭档出价合理，友人恍然大悟，气愤之余，亦觉自己未曾带眼识人，与虎谋皮，悔之晚矣。

其实与人合股生意，若不能先悟己，后悟人，再悟事，已未战先败，孙武再生亦计无良策。

虽曰悟己之难，难于上青天，其实不然，若悟透自己才行事，自然神行机圆，滴水不漏。但世间事不入局又何以悟，隔岸观火，始终不及亲历其境。所以悟己之始在于立足点，立足之点清晰，合股生意股东之间相互支点亦彼此透彻，你中有我，我中有你，谁也不能缺，才能共枯共荣。

一座华厦，你为梁，我为柱，拆开都只能卖木头钱。如此格局，才能共求进退荣辱。

不能如此，则只能希冀慧眼悟人。

然而悟人亦非易事，悟人能力易，悟人心性难，世事万变，人心亦思变，正面看之，每人皆在成长，长能力，长智慧，长心性。反面看之，长欲念，长需求，长计较。

今日共事，面对横逆，可不计较得失荣辱，齐心协力。他朝各人成长有异，差距扩大，看事看人，不能以旧日之心度量之，因立足点不同，相互支点亦异，若看不透则不能审时度势，事不能悟矣。

千金难得一友。

义薄云天的人如果很多，历朝历代的皇帝也不修关老爷庙了。

何妨看淡些？

结尾：心不定，总是意难平

西汉初，高祖刘邦怕死后旁人篡权，与众臣盟约：凡非刘姓不得称王。后吕氏称王乱政，众臣以此剿灭之。然到了王莽，一个禅让的把戏，刘家的天下也改姓王了。细想也有趣，若王莽没来得及篡汉，历史上就多了一位鞠躬尽瘁的大忠臣、大贤臣。人，此一时，彼一时。

没有规矩，不足以制衡规范。

规矩在，依然会有漏洞。

与人共事，难免会走眼。一开始便将人、利看淡些，把朋友与搭档分开，先有吃亏的准备和无所谓，再按规矩共事，才能平和释然。

如此告之友人，友人苦笑答曰：意难平。

我笑。

明理容易定心难。

心不定，总是意难平。

当局者迷。

附：关伯明先生的 DISCUS 性格分析报告

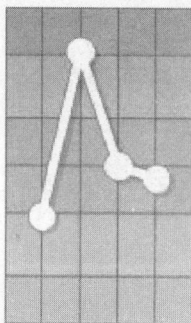 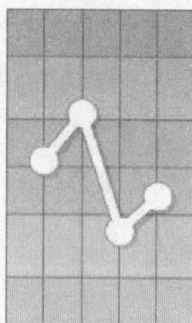 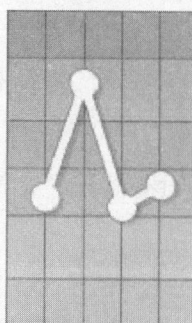 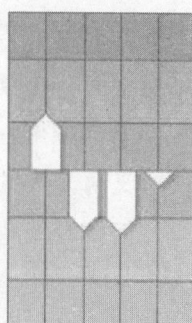

| DISC | DISC | DISC | DISC |

内在分析表

内在分析表的最高点，代表着你最自然真实的内在动机和欲求。这种行为之所以常在你处于压力时显现，是因为你没有 " 空间 " 或时间调整行为。

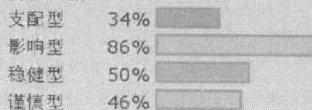

内在因素	
支配型	34%
影响型	86%
稳健型	50%
谨慎型	46%

外在分析表

外在分析表描述应试者认为自己应呈现的理想行为。这种图形通常代表个人试图在工作中采用的行为类型。

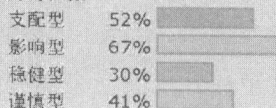

外部因素	
支配型	52%
影响型	67%
稳健型	30%
谨慎型	41%

总结分析表

真实世界里，应试者通常会表现出与内在分析表（直觉行为）及外在分析表（视现状调整的行为），这两种分析表一致的行为。总结分析表是这两种描述个人正常行为图形的综合。

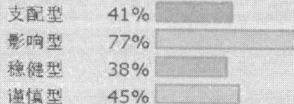

总结因素	
支配型	41%
影响型	77%
稳健型	38%
谨慎型	45%

转换模式

转换模式图形显示应试者的内在和外在分析表之间的改变，并凸显应试者正在进行的性格调整。

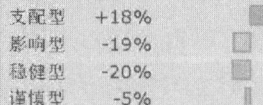

分析表转换	
支配型	+18%
影响型	-19%
稳健型	-20%
谨慎型	-5%

我的人生我做主

伯明先生是一个浪漫主义者。所谓浪漫，不是指追逐爱情，而主要表现在重视感觉多于理论。在做决策的时候，他更关注当下的直觉和感受。因此，决策快速，而且往往会有出人意表的决策。无论做事还是做人，他都追求一种惊才绝艳的境界，常能获得让人感到惊喜的结果。

伯明先生喜欢与人交往，在众人当中往往凭借出众的幽默感和精妙的观点而成为焦点。同时友善真诚的态度，也让他具有相当的亲和力，而不会有哗众取宠的嫌疑。因此他非常适合舞台，能同时引导一群人的思路，控制他们的情绪，并且乐在其中。但是，有时候他会显得有点粗枝大叶。如果以画画来论，他不适合精细的工笔画，而更具备泼墨山水的豪情。

浪漫主义者一旦挥洒自如，就能发挥出惊人的能量，但却很容易被自己打败。"做自己"的时候往往是强者，太多顾忌则会减弱他的力量。

此外，尽管伯明也会有很多自己的思索和想法，并且能得出深刻独特的观点。但这些思索和观点的起点却仍是感受。先有很深刻的感受，然后再开始追寻感受背后的原因和启示。因此即使是听伯明讲道理，也尽可以放松心情。他没有大三点小三点一层套一层的理论体系，而是生动的感受和幽默的调侃，就像一碟碟精致的苏杭小菜，不是满汉全席，但是美味有营养，最重要的是——非常好消化。

两千八百里星雨月，走路上京城

罗碧淇
（中级营养师）

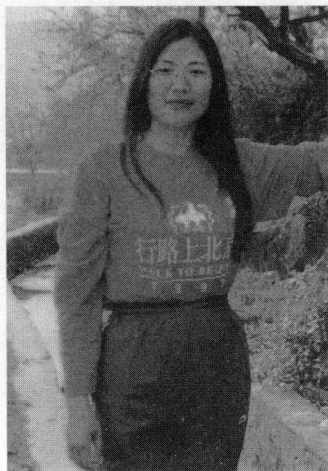

　　编者按：碧淇的文章是手写的，一张张稿纸满满当当，相当随性的涂涂改改，让我想起她随性爽朗的笑声。和她谈话可以有天壤之别的两个状态：对于不熟悉的话题，尤其当她想努力显得正式官方时，相当拘谨；对于那些她研究过颇有心得的领域，尤其当她足够放松时，相当生动幽默。大家都说关于"亲子"这个话题，她已经完全可以开班授课，就连我们这些还没结婚生子的单身一族，都听得津津有味。因为无论在什么领域，无论是什么性格的人，大家在同一个文化背景和同一个时代下生活着，总有一些共通的情感需求可以达成彼此共鸣。而碧淇在这方面，把握得相当到位。这也许和她长年坚持做义工有关。

　　编者本人对于义工一群其实是非常感兴趣的。深圳市的优秀义工代表和我说："我们都不是大富贵，但是仍然有帮助别人的心，仍然有给予支持和获得支持的愿望，所以我们走到一起，而且会持续地走下去。"尽管敬佩他们的奉献精神，但自问做不到。因此对于到底是什么精神力量或者心理需求促使义工们十年如一日的付出，一直困惑着我。

看过碧淇的文章，慢慢有所领悟。碧淇的思绪漫无边际地蔓延，却从点滴中，透露出这位单亲妈妈的坚韧与对爱的渴求。很多人都有对大爱的索求，希望自己的社会价值有所体现。有的人选择为惊人成就而奋斗，有的人选择一场轰轰烈烈的恋爱，有的人选择活在虚幻的网络社会中，有的人选择对真理的长久思索，而义工们，则选择奉献。就像蝙蝠，只有自己先把音波发射出去，才能接到回音，找到定位。我们只有先把爱传出去，才能把爱收回来。

三代：时代变迁的智慧

我们生长在不同的时代。不同的文化背景，不同的教育方式、方法，于是塑造出不一样的孩子。每一个孩子都是世上独一无二的小天使。从我外婆的教育方法到妈妈的教育模式，直至我如何教育我的儿子，我将三个不同年代的教育模式做对比，看看不同年代的大人如何看待小孩，并且尝试把我的愚见和看法与大家分享。

在妈妈口中，她当年成长的过程非常曲折。妈妈大约在二六、二七年期间出生，据说原本生在富有之家。后来经历时代变迁，从富有变到贫困，所以当年有相当长一段日子过着艰苦的生活。吃饭，对于一个家庭来说已是头等大事。每个家庭的成员的最大梦想都不过是自己能有温饱的一天。我印象深刻地记得母亲说，她们那时很多姐妹都认为：她们自己生的儿女，自己没有能力养大，不如送出去，还能有一条活路。所以有很多小朋友自小不在自己父母身边长大，过继送亲戚或者送给大户人家为仆是寻常事情，甚至会送女孩子给别户作为童养媳。她们只考虑到自己的儿女能活着，已经是不简单的事，所以宁愿接受分离。

当然有人说那是不文明的做法，而这些小孩必然缺乏爱与关怀。人为什么因为温饱而放弃家庭温暖呢？我想没有经历过饥寒交迫三餐不继的我们，很难去评论。不过话说回来，如果让我来选择，家人的关怀是真的很难割舍，无论怎么艰难，都不想放开自己儿女的小手。妈妈亦有着同样体会及感受。

我的出生带给妈妈希望，她说女儿长大后可以与她沟通，因此从小妈妈对我的要求就非常严格：要做一个听话的小孩子，做一个妹妹的好榜样，要求我兄妹七人有机会就要好好读书。我妈妈好像一位女超人，什么地方需要她，她就会出现。自从爸爸离开这个世界之后，她一个人独力抚养我们一群讨债鬼七人。她拥有超凡的精力，由大清早工作到天黑。自我有记忆起，她都在不停地工作，工作再工作。从小就深深敬佩她这份爱，试想想，她每天要用绝大部分的时间来挣钱养家，生命仿佛就是为了受苦。大家沟通时间少得可怜，不过她一有时间就会鼓励我们一定要读书识字，将来不用像她这样辛苦地工作。因此，我们在她的庇护下，有机会读书识字长学问。母亲已经尽了抚养的责任，但是那份对我们的要求，更是出自浓浓的爱。哪怕有一两个孩子少读点书，早点出来分担家计，她都能轻松许多。但她死死咬牙坚持着，希望我们读多点书少受点苦。真的要多谢她的咬牙坚持与鼓励。正因如此，我对于培育下一代，也坚持所谓"爱与成长"，不能仅仅停留在物质的层面上。

在1993年，我选择成为一个单亲的母亲。我希望自己能采用不同的方式教育儿子成长，所以特别留意他的言行举止。很多父母因为大家之间相处之道不融洽，故此选择离婚，放弃教育子女，甚至互相伤害对方，让孩子从小就蒙受阴影的煎熬。而我的看法是，无论发生什么事情，都要好好教育好下一代。

对于我来讲，儿子德德是上天恩赐的礼物。他的出现，是来陪伴我一起成长的。他是一位非常聪明的小朋友，一言一行都会令我大吃一惊，好像满脑袋写着做人的道理。就好像一面镜子，提醒着我如何成为一位好妈妈。在他身上，我看到很多自己的陋习。不少家长口里说的都是我们应该怎样怎样去教育下一代，而我的看法正好相反：是他们的出现教育我们怎样成为不一样的人，怎样设立我们的目标、寻找我们的人生方向。

可能有些人不同意我的看法，这不要紧，这只是我的人生路上看法而已。我希望大家可以了解到一个人的成长，往往受到上一代用何种方法教育的影响，不同的方法会教养不一样的人才。俗语说"种瓜得瓜，种豆得豆"，不会有种瓜得豆的事情发生。我们放什么种子，成长后就得什么果子，所以我们采用什么肥料，选用什么土壤，怎样去灌溉，怎样去照顾，就会得到什么果实。当然我们每天按时施肥、浇水、除草，种子才能健康地成长，才有可能丰收。每一个步骤都需要我们按部就班，不可以跳步马虎，我们都明白要根据自然规律去走。每一位小朋友的成长，都是在跟随大自然的规律。

外婆的那一代，她们基本上采用听闻的方式去学习。她们那时候根本没有机会读书认字，只能听一些人生阅历比较丰富的人分享他们的经历及经验，将信息流传下去。她们不懂得这是对是错，反正听下来觉得有道理就会记住。

到妈妈这一代，她从小同样采用听闻的方式。直到1948年，妈妈从内地迁移到香港定居。当年战火连天局势动荡，香港的生活同样异常艰苦。世事艰难，妈妈像一般女性一样出嫁从夫，逐渐习惯香港的生活。当年香港贫苦阶层以务农及捕鱼业为主，爸爸妈妈自然成为农民，在香港乡郊讨生活，过着自给自足的日子。于是，父母以及他们的亲戚朋友都为了贮备足够人力资源，顺理成章，下一代的小朋友最少两个多至十二个。乡郊人口增速骤然加快，生活随即陷入困境，经济上出现很大问题。

童年：痛并快乐着

我们从小就要开始协助家务或到田里搭把手做些轻便活。基本上每个人都是差不多的生活模式，我的童年亦是如此这般地开阔而单纯。

开始时觉得好好玩，每天可以看着菜苗一日一日长大，感觉它苗壮的生命力，也老是想在它们长大后炒在碗里，自己亲手种的菜一定更加甜美可口。每天都渴望可以到田里玩，在田边有一条小溪，小溪的水非常清澈，溪里有小鱼、小虾、鲶鱼和泥鳅。

记得有一天，哥哥用抽水器将水抽干。他发现小溪旁有个洞，便伸手向洞里摸，摸完缩手一看，手中居然捉住了一条鲶鱼，他越捉越多，将一个大水缸都装满。我们兴高采烈。但不幸的事随即发生在我身上——一条水蛭吸在了我的小腿上。我用小棍去戳它，它吸得非常紧。我告诉哥哥时，他吓我说水蛭吸血到把你吸干为止才会脱掉。我听完后怕得要死，大声高叫妈妈。她用口水涂抹在我脚上，好不容易才用力将水蛭拔出来。至此之后，我在田里行走都非常小心。

农村的孩子，每人都有自己的岗位职责。我们四岁开始学除草、灌溉；在家里要学习扫地、洗碗。大哥哥照顾弟妹，从大到小，一层一层地向下负责，家务也是一样往下排，所以我们七岁学煮饭、烧水，十岁学炒菜、煲汤。基本上我童年就学会烹饪的技巧，是环境逼出来的。不比现在，有自立能力的小朋友，一般都是因为父母期望自己子女能独立，因此会有意识地进行训练。

小学二年级时，我帮妈妈一起，从家中煮一煲粥搬到店铺。途中，我看不清楚路，不小心被绊倒，心里怕煲粥洒出来，所以紧紧握住煲耳，希望保住它，担心影响大家吃饭，到最后一煲粥火辣辣地淋在手上。当时,妈妈是如何处理这起意外的呢？下面就是她的"经典"处理方法：

邻居甲说："快点用生油给她涂上！"

邻居乙说："用鸡蛋白啦，可以防止起水泡。"

邻居丙说："用豉油啦，才不会被烫伤。"

邻居丁说："用牙膏用牙膏！"

我跟妈妈说好疼，眼泪不停地流。热心的邻居们不停地提各种建议。当年我什么都不清楚，我只知道他们用的东西，好像在我手上炒菜一样，痛不欲生，看着自己的手一个一个水泡长出来，大声地哭起来。到最后有一位邻居才说叫我妈妈到诊所去看医生，医生问妈妈："在女儿烫伤的第一时间，你用什么搽过？"医生听过妈妈陈述后大吃一惊："下一次不可再用生油、鸡蛋白、牙膏、豉油等食用品去搽。正确方法是，你要带女儿用清水洗干净，如果冰箱有冰用冰敷就可以。因为烫伤后，热力会渐渐进入皮肤，肌肉，根骨，严重受伤要做刀除手术。"妈妈听完后，淡定地说："知道了。"至于傻傻的我，则开始时刻担心我的左手，能否可以完全康复还是会留下缺陷。我听说过其他人曾经有过类似经历，受伤部位都有不少的疤痕。默默地忧虑着，又怕跟别人说。受伤后我不能上学，只好在家里休息，妈妈请邻居的同班同学代我向老师请假，叫同学带功课回家做。

有一天，同学带回一份画画的功课，是要画不同形式的钟，我选择画古董钟，因为只能用一只右手无法用间尺画直线，只好叫邻居姐姐帮忙去画。我告诉她我要画哪个类型的钟，画好外形后，我慢慢填上颜色。我用咖啡色为主色，慢慢地涂出层次。沉浸在创作的快乐中，却不知道这幅画是用来参加学校的绘画比赛。最后我得到第三名，还得到一份礼物，一张奖状。可惜我因这件事非常矛盾，觉得这个奖这份礼物不是属于我的，不知不觉间学会了否定自己，信心下降，对自己能力怀疑，从此以后无论自己做到什么事情，就只觉得是运气而已，经常自我否定。虽然知道自己有矛盾，可是不知道如何去处理。

中四，我参加了航空青年团，这团队除了训练航空的知识外，还要学习步操，野外求生，野外追踪，学绳结，山上夜行。这段日子是我最开心的时光，认识了很多不同学校的同学，一起学习新奇的知识。我每个星期回到屯门学校，接受步操操练，步操看似一件容易的事，其实很不简单，同一时间，训练手脚协调。同时训练我们的观察能力、听力，这样才能让我们走得整齐。

现在在电视上看到有关步操的比赛出现，就会对他们在心里给予支持，这也是对童年的一种怀恋。

中四的夏令营在石岗军营举办，我有机会坐一部海军战车。这车大得吓人，可以载一部坦克车在里面呢！我们大约有五六十人，乘坐这辆车从海路到大屿山上岸，带备水、小吃、行山装备，需要在指定时间到达指定位置，随后就会有一部直升机接载我们回到石岗军营。不料我们一班人随着指挥官一起在山上迷路，不得不在断水断粮的情况下留在山上过夜。天气不好，一时阳光普照，一时大雨倾盆，天气的反复无常让我们吃尽苦头。大约晚上十点我们停止前进，大家挨饿睡觉，我还记得自己穿着雨衣，身上套着两个黑色大垃圾袋就在山路上睡觉。睡觉时，肚子像在打鼓，又渴又饿，觉得自己好凄凉。尽管如此，心底又想不妨当一次有趣的体验，回去又尽可以吹嘘一番了。不知不觉挨到天亮。醒后又是一阵下雨，不过这时大家好开心，纷纷用不同方法接着雨水来喝，有人用胶袋，有人用文件夹，总之用各种各样的器皿，能装水就行。好像天降甘露，来助我们止渴。带着饥肠辘辘的肚子，我们三三两两地下山，希望能找到回去的路。恰巧我们走进一所废弃民居的后院，种着一颗龙眼树，当时下着大雨，我们这样一群"难民"，都没有考虑其他问题，就忙着跑过去解决自己的温饱问题。人到饥饿时吃食物感觉尤其香甜，一粒粒龙眼似已成为我们生命的源泉，一个个吃得非常开心又满怀感激。后来找到回头路，大伙乘车回到石岗军营。这次夏令营，让我开始觉得事情突如其来地发生时，只要静心地去思考解决方法，一切都会迎刃而解。有这么一句话："凡事都苦尽甘来，我们都要这样鼓励自己和身边人去积极地面对人生。"

新生：坚守"苗圃行动"

从 1993 年开始，我踏入自己人生一个新的阶段。

当年十月份我在"苗圃行动"做义工，筹备"从香港行路上广州"的募捐活动。十多位义工陪同一百位步行者，从 1994 年的大年初三开始出发，全程需要六天时间。我是行动职员，协助食宿支援，每日负责安排休息时的茶水供应及小吃，并在午餐之前寻找食店与安排饭菜。有时还要充当步行队的支援，全程陪伴着他们经历艰辛旅程。他们每一步都是为了山区小朋友能有机会读书识字，真正改变这些小朋友的命运。自此以后，我连续五年协助该项活动。特别在 1996 年，

"苗圃行动"协议举行"行路上北京"筹款计划，全程行走约 2800 公里，需花时间四个月，自己自掏旅费去参加（全程约花六万），由筹备至开始出发足一年时间。我们要接受一年体力训练，包括行山，走平路，长时间走平路是一件很不容易的事，脚步的肌肉运动与平时会有所不同。虽然要花这么多钱去参与，但我觉得值得。正所谓"读万卷书不如行万里路"。我想体会古人的思考方式，一方面我期望日子快些来临，另一方面又怕自己应付不来。

1997 年 2 月 16 日，这个日子终于来临了，内心无比兴奋喜悦。当天有个开幕仪式，我们做完誓师后，从沙田广场起步，一直步行到北京。途中经过广东、湖南、湖北、河南、河北直达北京。出发的第一天因穿着赞助商提供的防水行山鞋，原本是一件好事，但可惜我并不适应它，我的小腿到腰部有一组肌肉一直绷紧，最初只是走路的时候有点不舒服，慢慢开始越走问题越严重。队员走过来问我怎么样，我口中说无事，心里却担心自己不能完成这个活动。朋友的关心变成我的恐惧，我性格倔强，死撑也要撑到底。

第一天，我可以说没事；第二天，我可以说多谢关心；第三天，我开始忧心忡忡；第四天，我学会放下；第五天，我学会信任别人的帮助；第六天，我学会信任别人帮助并放下自我。每天我肩负着别人对我的支持与鼓励，甚至达到忘我境界。以往自己曾经受过多少伤及痛苦，忽然一扫而空。

我清楚当下自己应该做的事：有足够睡眠，照着张远文教练的指引，每天喝足够牛奶、葡萄糖，吃香蕉等食物补充我的体力。其实刚开始时我很犹豫，自己身形有点胖。活动结束更胖起来怎么办？是继续以减肥为目的，还是完成一个有意义的旅程？静下来思考过之后，我选择完成那个有意义的活动，所以只好乖乖地做好每个项目。人生

我的人生我做主

最痛苦是什么？对我而言，是每天五次守住要痛哭的底线。每天教练替我按摩完后，再替我点穴位，我眼里流着像红豆粒的泪水，又怕影响其他队友，只能忍着泪做治疗。有时路人看到我，会对我说"你好惨"。我自己也非常不舒服，害怕撑不下去。只能告诉自己做好每天的事，就可以确保明天还可以继续。在我想通了，每天就都可以开开心心地完成任务。有一天湖南分段的朋友问我的感受，我说：

"Pain for life！"

当心中坚定一个信念时，生命就好像有股力量推着我前进。身边的人与物已经不同，我的着眼点不在自己而在别人身上，如何将爱传递出去？如何去感染其他的人去帮助有需要的小朋友？一个国家要强大，人民必须要有知识，一个家庭要幸福长久，一定要让小朋友读书识字学会做人的道理。因此我紧握着这个信念，让它伴随我完成"行路上北京"的活动。

结尾：要着眼下一代

上面都是我分享的自己生命中的些许经历，这些经历启发我去了解、学习人生的经验。从小开始，你接触什么人什么事，总是会影响你以后人生的发展模式。我比较喜欢采用体验式的课程来启蒙自己，还可以节省时间、金钱。没有迷惘、伤感的情绪，亦没有痛不欲生的感觉，只为创造一个和谐美好的生活而相聚。人人都有开心快乐的资格与权利，所以我珍惜每一位课程导师和其他人的协助，我感激他们。他们用自己的人生经历及经验教育下一代，让我们节省时间与精力，免行冤枉路，故此我们获益良多。

今天，有非常多课程告诉我们如何教育下一代小孩子成长，因为经过漫长岁月的经验累积，有很多好的知识可以用来培训我们的孩子，帮助他们将来成为一个有才华、有成就及独立、自信、有爱的人，给自己建立良好的人际关系，也让父母完全放心。这样的话，那自古常谈的"养儿一百岁，长忧九十九"的看法，自然一扫而空。

我认为培育孩子成长非常重要，父母要摸索自己儿女的天性及本质，根据他们的特质进行训练，不要完全靠自己乱评估。

现在的父母非常辛苦，例如小朋友学钢琴，自己也要跟着学；小朋友需要学习某个特长，自己首先要去"打前锋"，目的就是为了营造良好的亲子关系，好像是让自己回到童年重新再学习多一次。自己除了每天基本的工作与家务，还要费心去照顾孩子，父母不易做。

我刚完成 DISC 导师课程，深入了解了这四种不同特质，不同性格的表现，包含了你的全部——天生的脾气、生活经验、需要、爱好、价值观、才智、父母的培养、教育背景、以往经验的处理方法、个性，这些都是塑造你这个人的各种元素。

如果我们明白孩子是什么特性，并且也了解自己的特性，大家就可以精准地发展自己的长处，发挥自己的优点。"知己知彼，百战百胜"的道理，一直在流传。原因很简单，我们有怎样的想法，他们就会跟我们一样有怎样的想法，彼此之间的想法、看法可能一样，当然也可能不一样，我们也要具体问题具体分析。

学习 DISC 课程，就是一个简单、易明，亦有具体性的发现和参与，从中发现自己的固有模式，我们就更能有的放矢，挥发自如。

感激林伟贤老师、李碧云老师，还有李海峰老师。

附：罗碧淇女士的 DISCUS 性格分析报告

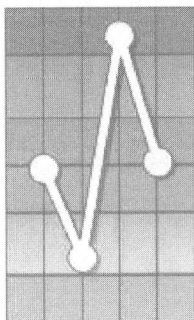
DISC

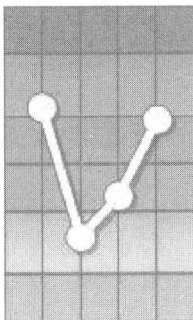
DISC

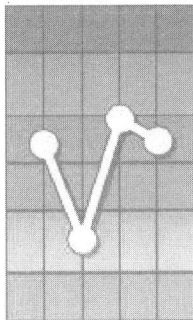
DISC

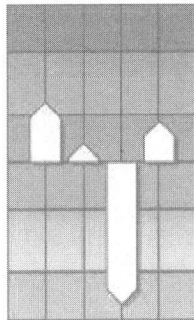
DISC

内在分析表

内在分析表的最高点，代表着你最自然真实的内在动机和欲求。这种行为之所以常在你处于压力时显现，是因为你没有"空间"或时间调整行为。

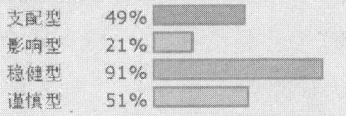

内在因素	
支配型	49%
影响型	21%
稳健型	91%
谨慎型	51%

外在分析表

外在分析表描述应试者认为自己应呈现的理想行为。这种图形通常代表个人试图在工作中采用的行为类型。

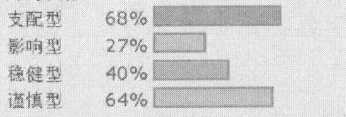

外部因素	
支配型	68%
影响型	27%
稳健型	40%
谨慎型	64%

总结分析表

真实世界里，应试者通常会表现出与内在分析表（直觉行为）及外在分析表（视现状调整的行为），这两种分析表一致的行为。总结分析表是这两种描述个人正常行为图形的综合。

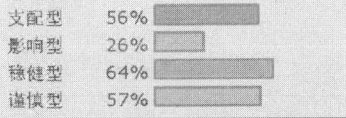

总结因素	
支配型	56%
影响型	26%
稳健型	64%
谨慎型	57%

转换模式

转换模式图形显示应试者的内在和外在分析表之间的改变，并凸显应试者正在进行的性格调整。

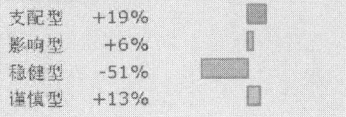

分析表转换	
支配型	+19%
影响型	+6%
稳健型	-51%
谨慎型	+13%

碧淇具有高度的稳定性。从她内心来说，追求的是安静稳定的处身之地。因而她对于"集体"、"社团"的需求会比一般人来得强烈。集体的力量能使她有充足的安全感，另一方面她也迫切希望能为集体贡献自己的力量。

　　不少女性都会呈现出高 S 的特质，但其中会有很微妙的变化。比如碧淇虽然高 S，但 C 却不高。这意味着碧淇很少疑虑。她的安全感和力量不是来自对周边环境的确认，而是来自身边人的关怀和鼓励。此外，一旦她确认自己能帮助到别人，她就会变得勇往直前。激励碧淇，用金钱和利益是不能奏效的，而需要告诉她："你真的能帮助到很多人，我们这个集体离不开你！"但正因碧淇对集体的热诚，她可能会承担起远超自己负荷的工作量。在工作中，碧淇需要明确的计划便于她执行。太多变故会让她有不适的感觉。

　　目前碧淇正在努力对自己的行事作风做出调整，希望变得更积极主动，更坚定地去面对冲突和变故。这些调整会给碧淇带来压力，但或许她正需要一些挑战来战胜自己。

理财，目光放在世界

李启仁

（香港大福历斯顿创富理财董事及高级讲师）

编者按： 启仁先生是对待稿件最认真的一位作者。还没动笔，就已经频频找我们做沟通。虽然很多作者都会问组稿者应该写些什么，但启仁很有趣的是他没有问问答题，而是问选择题。他罗列出自己觉得有价值的东西，然后问："如果你作为普通读者，会希望读到什么？"我当时回答说："我对理财有需求，既然你是专业理财师，我希望能听到一些活生生的故事和例子，但不要对我讲理论，不要对我做销售。"于是他开始了自己的笔耕不辍。每写一部分，就发过来确认是否合格，从来不吝惜长途电话费。

此外，关于围绕"富中之富"的主题，编者强调说，只是一个建议的方向，一般我们鼓励作者想写什么就写什么，没有必要太拘泥。但是启仁坚持说他非常赞同这样的人生方向，希望可以按照这种思路去整理自己的经历。在这篇文章里，我们可以清晰地看到他很认真地按照八个部分一点点写下来，从中带给我们非常多的资讯。比如小编就解决了自己一直以来都非常困惑的问题：到底是投资楼市比较赚，还是投资股票比较赚呢？

财富：何谓富中之富

我所指的富中之富，并非指要成为城中富豪，登上财富榜。我想说的是，就以下九宫格里，涵盖着"自己"人生的八个要点，只要自己每一点都关注到，并且达到平衡，那么你便拥有了一个丰盈的人生。

工 作	人 脉	家 庭
理 财	自 己 （李启仁）	心 灵
健 康	休 闲	学 习

工作

首先，我想讲一下工作方面。在修完经济学后我接手了银行的信贷业务。当年能在银行工作算是相当吃香，由于工作上经常接触一些做贸易生意的客户，有幸被一位国际贸易的老板赏识，我就毅然放弃当时的"金饭碗"，结束了三年银行的工作生涯，开始一段意想不到的为期九年的贸易工作。当时除了处理中、日、美三地大型文仪器材（如复印机）的买卖订单外，还有就是为公司获取最大利润，懂得争取汇率的买卖差价，这正好能够用到我过往三年在银行学到的知识。而从一家有完善系统运作的银行，跳到一个没有规模的中小企业，当中可以得到更为广阔的发挥空间和更多不同领域的学习机会。之前我从来没有接触过船务运输方面的学问，后来便借着大量的船务订单，为争取最低的运费，初步尝试销售与管理。熟识了全部的运作流程之后，便组织成一个系统，从而提高效率、节省成本开支，连同争取最佳汇率差价，真正做到了开源节流，能节省到的金额相等于生意额的 5% 左右。当时的业务市场由潜力、急速增长到平稳，我的薪金与职位都有相应的提升。可是在预测到中国对外开放、贸易生意潜在萎缩的危机之后，我开始为自己的事业前景另作安排。

其时正值 1997 年金融风暴，很多对房地产有深厚感情的香港人，这时都无奈掩面惨对巨大的投资损失。此时我问自己，房地产投资是否依旧是香港人安稳的投资方法？于是想到了香港人很缺乏的一种理财知识——正确的财务管理，这就是我认为未来的黄金事业——财务投资策划顾问。

我放弃过去九年建立的事业而投身金融行业，并不是因为环境因素，而是基于客观地分析了个人性格上的优势，这包括：善于与别人沟通及表达、开放、喜爱交际、主动与人接触、对人热诚等，环境和个人两者配合起来，让我成功开始了我一生中最爱的工作。经过九七金融风暴、科网股爆破、SARS 暴发、金融海啸等，至今已逾十年，却对自己投资在这项事业的热情，不仅丝毫没有减退，而且历史和事实证实我认为的投资策略——《动态定期定额投资》，的确保障了我客户的财产利益，这让我对这份工作更加肯定，起码在变幻莫测的投资市况中，它仍能为别人增值财富。

理财

为客户理财是我生命中的另一个重要部分。我大约六岁左右开始懂事，妈妈给我的零用钱，自己一定会量入为出，把余下的投入猪仔存钱罐里，期待有一天能把它养肥。而反观其他同学，则有多少零用钱便花多少，自己用光了，还要我请他们喝可乐汽水，想不到几岁小孩就有赤字。我从小的节俭观念，是"既不做守财奴，也不洗脚不抹脚"，这让我养成了一个很好的理财习惯，以致我青年时期也没有受到同学影响，花钱买那双当时最流行的 Kickers 皮鞋。直到今天，我也是该用的就用，不该用的不用。我几年前把驾驶近十年的本田，换了我觉得实而不华的雷克萨斯房车，即便它再出新款型号，也无损我对它的欣赏和肯定，对我来讲它绝对物超所值。

健康

常言道健康便是财富，我一直认为简单的作息饮食习惯是保健之道。时移世易，人总不能不随现实改变看法，最近这么多年来不停发现的食物中毒、农药蔬果和空气污染，以及越来越紧张的生活节奏，导致了人们忽略均衡饮食的都市习惯，不能不额外加强保健工作。

我从来不建议处理饮食起居太苛刻和太忧虑的态度，也一直很少生病看医生，但迫于越来越糟糕的环境因素，也把住了十多年的九龙区地铁上盖物业卖掉，搬到了马鞍山空气较好的地方，可以每天清早跑到面向海港的小露台做半小时运动，远观对面香港中文大学和科学园的景色，人也变得格外精神爽朗。

很多年前发现自来水带黄色现象，就是说自来水经过长时间使用的公众水管引进屋内，已不再是滤水厂的"出厂指标"了，经过重重管道，它所含的重金属已能造成肾脏负荷，不宜饮用，所以我毫不犹豫地购置了能紫外光灯消毒（手术室也用作消毒手术刀的）、活性炭过滤重金属的净水器。

很夸张吗？还没完。近几年鼓吹的有机食品，我在十多年前就已经在有针对性地补充了，以往说的"一日一苹果，医生远离我"已不奏效，因为被污染的空气中所含的游离基会破坏细胞，而维生素 C、E 能帮助细胞对抗游离基和氧化，要彻底避开的办法只有一个，那就是去太空生活，否则身体就会受损，谁都知道有损不补的身体不会健康。

我很鼓励朋友多为自己所生活的地球留意，多关心自己的身体需要，而不要只着眼于对物质的需要，大家多花时间研究净水器功能，总比追求手提电话和音响好；多收看一些健康资讯，总比围追电视剧要好。

家庭

家庭方面，我的这个集体只有妈妈和太太。今年刚好我和太太一周年结婚纪念，两人生活十分愉快。我们的成功相处之道全靠《圣经》中所提及的：

> 爱是恒久忍耐，又有恩慈，爱是不嫉妒，爱是不自夸，不张狂。
>
> 不作害羞的事，不求自己的益处，不轻易发怒，不计算人的恶。
>
> 不喜欢不义，只喜欢真理。
>
> 凡事包容，凡事相信，凡事盼望，凡事忍耐。
>
> 爱是永不止息。

其实两个人从不同的成长背景、性格、习惯而走在一起，有不同意见很正常，但我们学会尊重对方看法，放低自己从对方角度去想，彼此包容，加上我们相互信仰的力量与支持，这个家就很温暖。

我和妈妈虽然不是住在一起，但每个周日都会一起去教会做礼拜，还有外婆，然后，两个妈妈一起去外婆住的区内市场买菜。我就跑到外婆家探望外祖父，打电视游戏机，晚上妈妈做饭，简单的假日活动已经过得十分愉快。妈妈一周会有两至三天来家里帮我们做饭，娶了太太，除了家里更热闹之外，她还补足了我对妈妈欠缺的细心照顾与关怀，看得出妈妈愈来愈喜乐。

人脉

人脉等于财脉？我认为这个财并非指金钱，而是价值的另外一种。你有没有一个健康长远的人际网，建基于你有没有为他们增加价值，有没有先想到他们的需要，你要鼓励他们，肯定他们，分享自己的经历来帮助他们。我们先要助别人达成梦想，才能让自己梦想成真。这种心态让我建立了一支互相信任的团队，他们自然而然地有助于我的工作。我对这支团队的成员像对待自己家人一样，我渴望他们的成长，甚至有朝一日能超越自己，当然，能够复制自己的努力也是一件很有成就感的事。为他们增值，除了提供培训外，更重要的是心理辅导。成功有99%是心态，1%是来自技巧。培育心态并非一朝一夕的事，也不能只凭一张嘴来讲，自己必须要以身作则，用生命影响生命，用自己对生命热爱和积极的态度感动别人从黑暗走向光明，从失去信心到肯定自己有上天的眷顾。这种使命感，让别人喜欢与我交往，不管对方是富是贫，这些有情的人脉，让我的生命更有价值，也让我活得更为满足。

休闲

我热爱工作，但我不是一位工作狂。生活中我会为自己安排休闲的时间，既用来释放，也用来充电。我的休闲活动包括身体和心灵两部分。

早上起来在露台做柔和的锻炼，定期与不同的朋友相约打网球（朋友、教友、客户）。打网球时"一球底线揪击，再上网得分"最让人有满足感。我的外表会让人觉得很斯文，但熟识之后你会知道我其实很活跃很爱运动。除了最热爱的网球外，我还喜欢打羽毛球、壁球、排球、篮球、水上活动。

很怀念当年和一帮同学暑假时学潜水、滑浪风帆、野外露营等，甚至远赴泰国斯米兰群岛潜水一个星期。那次经历很难忘，我们所乘的小船本来是要经海峡，再到达斯米兰群岛的小岛群，但那天巧遇巨浪，我们被逼折返，还以为隔天起来便能到达小岛，谁知起床的时候发现我们已经被带回到了起点处。船长说要再尝试一次冲过海峡才能到达小岛，幸好最后都成功抵达。不过由于每天都在船上起居饮食，身体适应了海上环境，回到香港之后的一个月，感觉仍像在海上漂荡一样。

很难得以往经常一起户外活动的同学，到现在二十年的情谊，依旧会一家大小登山、露营、打球、唱KTV呢!

当然，自己认为心灵方面的休闲更为重要，除了星期天到教会之外，也会与弟兄姊妹聚会，跟一班价值观相近、方向一致的人一起分享生活上不论顺利或困难的事情，大家一起互相支持与感恩。这样一种毫无保留的交流，实在是人生不可多得的经验。

学习

活到老，学到老。我所指的学习，不一定是在书本上。"学"的意思是知道并尝试模仿和复制，而"习"的意思则是对这些进行练习，直到它们属于自己。"学"不难，"习"不简单，这个就考验你的毅力。

但有些人觉得"学"也有困难，这视乎个人有没有倒空自己，像个空杯子一样，这样才能虚心地接纳。

让我分享一下自己的个人经历。我带领团队超过十年了，感激自己现在工作上有一个"高级讲师"的称呼。虽然已有多年的经验，但我常常认为自己还有提升的空间，所以总是寻找一些有助工作需要的培训课程（曾报读过外展训练、九型人格、NLP、生命创富课程、TTT、Money & You、DISC 等），从中学到的知识，都会与团队共享，将学得的多说几遍既能让我对刚学到的知识记忆更深刻，又能造就别人，一起进步。

另外一个经历，发生在我太太身上，我曾经推荐她看一本关于性格分析的书籍。有一次她跟要好的中学老师聚会，得悉老师与儿子的关系愈来愈差，太太了解了一下，大概问题在母子之间不明白因性格不同而产生的不同观点和感受，她就拿了那本分析性格的书籍送给老师。那位老师透过这本书，知道了她自己是一个有要求和目标感强的人，可儿子是一个安于现状和易感压力的人。因为看紧儿子的学业，在她不断地催促和期望下，儿子只能无声地反抗，这样一直恶性循环。幸好她及时主动修补，让关系得以复和，这是一个美好的见证。

除了知识上的学习，还有个人成长上的学习，我把它放在下面连同心灵一起讲。

心灵

八方平衡的最后一方——心灵。上面我所讲到的七方，相信有些人会有同感，只是大家的故事不同而已，可好多人都忽略了内心深处对自己的照顾和调理，这也是为什么社会上精神病患病人数愈来愈多的原因，例如思维失调、狂躁症、焦虑症、忧郁症等。其实我不是专业人士，对这方面实不能提供很实在的意见，但我愿意分享我如何借以下几方面找到关键点，照顾到自己心灵的需要：

1. 与伴侣共同成长

在学习那一方面，我提到自己会把学到的和有特别启发的都与太太一起分享。有些课程，我会和她一起报读，除了她自己能学习之外，我们也能有更多的共同语言。有时默契是后天建立的，不是天生就有。所以我们彼此间多了相处的时间，也多了话题，多了讨论，多了交流，多了共同朋友。有些做丈夫的，只知道怪太太什么都不懂，但究竟他自己懂不懂得鼓励她并与她一起成长呢？

另外，有些有用的书籍，我们会在书上用荧光笔做标记，晚饭后拿出来分享，鼓励对方可以多留意书里某些地方。久而久之，不经意间就把学到的东西融进生活当中，这些都近乎自然，生活中处处都是。以这次写作为例，我担心做文字输入工作，特别是中文输入，每次我做这类工作都倍感吃力，它确实不是我的专长。由于我和太太都曾看过有名的专家约翰·麦斯威尔提到的"善用时间"，清楚记得其中一点，是教自己做自己擅长的事，不要花时间勉强做不擅长的事，所以太太毫不犹豫地自己提出代我处理文字输入部分。

另外，由于我们同是基督徒，会一起返教会听道，大家所受到的教示和影响一样，价值观一致，所以我们很少争执，就算有，我们都会以《圣经》的教训来互相提醒，再用《圣经》上提到的"以基督的爱来爱别人"，我们便完完全全地和好了，这点是很重要的。很多夫妇争执过后，仍怀着不满甚至愤怒，那就不是真正的和解，所以，与伴侣一起学习如何相处相爱，是多么的重要！

2. 男人需要分享和聆听

男人总是以为"男儿流血不流泪"，在社会上总要表现出坚强的形象，这些可能是因为男人天性是保护女人的吧。可是，男人的这些特性使男人总爱独个儿承担问题，也使好多夫妇产生误解和摩擦。其实男人也需要抒发感受，有时候把事情讲出来虽然不一定会得到实际帮助，但倾诉和释放是可以舒缓压力的。

男人不爱表达，除了会影响与太太的互相了解，还会造成与孩子的隔膜。我听过一对父子冲突的故事。父亲和儿子因为一次很小的误会引起冲突，俩人都不愿意讲出自己的心底话，约有整整一年时间大家都互不理睬。直到有一天，父亲接到电话，传来儿子交通意外的坏消息，他连忙与太太赶到医院，看到儿子满头鲜血，太太在旁边痛哭，父亲也很心痛，眼红红地对儿子说："如果可以的话，我宁愿事情发生在我身上，因为你是我深爱的儿子。"结果父亲输血救了儿子性命，而他的一句心底话也拯救了父子间的感情。

男人的另一个弱点就是：不爱聆听。就我个人而言，我个性是I型 (Influence——其中一个特征是善于表达)，所以以上提到的男人要分享，根本就是我强项，这对我来说是不困难的。可是我只会说，不会听，这就存在另一个问题。我上过很多培训课，很清楚这点的重要性，所以也会很努力地作出后天改善。

有一次，公司让我会见一个新客户，他在电话中确认会面时间时，坚持说到时只有十分钟的时间，那天我们的初次见面，他自己一口气跟我谈了两个小时。因为我学习了聆听，留心听到他过往投资股票失败的经过，分析出他失败的原因所在，所以我能够给他建议最合适的投资方案，客人也十分满意。这种情形不是在电视广告中才会出现，的的确确现实生活中也会发生。学会如何用心聆听客人的需求，也帮助了我和太太的相处，配合上面所说的男人要分享，这样才能让我们有真正的交流。

我的人生我做主

3. 接受失败，承认错误

最初带领团队时，无论我如何努力付出，最后都会失败。那时我十分沮丧，自己为别人付出那么多，却得不到别人认同，心里很不是滋味，也开始逐渐对自己失去信心。后来，我认真总结了一下问题所在，才发现全因为自己的骄傲，以致我以为所有事只有自己才会做得最好，不懂得也不愿意放手给团队分工合作，结果辛苦了自己，事情最后出来的结果也不是很好。自从清楚知道自己这个缺点后，我学习到什么叫做谦卑，学习如何懂得发掘和欣赏别人的优点，又明白协调统筹团队各人的不同性格。正所谓知人善任，所以才有了团队今天的成长。如果当年没有反思失败和承认自己的错误，那今天可能仍然是昨天，原地踏步，没有进步。

4. 信仰的生命

我以前是一个很自信的人，纵使业绩已经很好，也总觉得还不够，曾经还尝试寻求车公、黄大仙等希望得到更好的帮助。我很有自信但又去祈求帮助，是否很矛盾呢？是的，因为一个人如何自信，都只是在人前的表现，但实际上自己深知很多事不是靠所谓的自信就可以解决的。以往妈妈像很多香港妇女一样，拜祖先、信风水、运程等，也许是因为人总是没有安全感，很想得高人指点一条出路；也许是因为没法面对自己不能解决的事情，很想设法寻找有能力的人来帮助自己；也许是因为人有太多忧虑和重担，很想有个依靠。

在我信仰基督之后，生命有了很大的改变。以往我很以自我为中心，态度骄傲，不易接受别人的批评，又总是忧虑做得不够好。现在改善了很多，自己开始去想我所信仰的上帝能赐予人力量，而不是全靠个人能力就能执行。将人力所不能为的交托给上帝，抓紧《圣经》上耶稣给我的应许："凡劳苦担重担的人，可以到我这里来，我就使你们得安息。"这份信仰，让我知道生命的价值，也给了我因信仰而得的盼望。

很难三言两语在此表达我的感受，只有祈盼所有人，有一天能认识和得到福气。

理财：用图表代替感觉

投资房地产是香港人的理财情结。香港人一直都喜欢买楼置业，我也不例外，这里我愿意把自己的个人真实案例写出来，让大家多了解一些买楼赚钱的错误观点，这是我花了十多年的经验心血总结的，希望可以让大家有所收获。

人生第一个自置物业是在1988年尾购入新屯门中心楼花。但是形势很快发生变化，便恐慌地卖出去了，损失两万。接着1990年，移民潮开始，楼价急跌，人弃我取，购入位于蓝田的汇景花园单位，在1994年卖出，赚取二百万。

第一桶金的收益，让我陆续购入及转售住宅、商场铺位、车位、工贸单位，高峰期同时持有六个物业，市值一千多万。

1998年，有买家愿意以六百万购入我所住的汇景花园单位，我出价六百二十万，如果成功卖出的话可以套现四百万。幸好最后并没有成交，否则随后手持资金定必在2000年科网股热潮，即香港楼市所谓的小阳春再度入市，势必难逃那一劫。

2000年，几年里先后把所有物业卖掉，当中有赚有蚀，余下自住的单位继续持有。但当时的心情如同坐过山车，一起随着楼市动荡大起大跌，中间抱有的赌博心态也常让人感到困扰和忧虑。中国人的思想，喜欢买房子，认为既保值又有保障。我曾经也有这种思想，以为买楼最赚钱，不懂分散投资的观念，最后虽然没有落入负资产的网罗，但也消耗了不少时间、基金市场和跑输的股票。这里我把楼市和股市引用的较多数据分析如下：

很多业主投资物业的动机是希望楼价上升。事实上，1984年《中英关于香港问题的联合声明》签署，意味着香港前途问题基本得到解决，到1997年亚洲金融风暴，楼价升势凌厉，除了一些短暂的回落外，基本可以算是只升不跌，这段时间常被认为是香港楼市的黄金时期。可是今年已是2010年，十三年过去了，我们是时候忘记过去辉煌的岁月，着眼面对眼前新市场的现实。

1997年，香港未能幸免于亚洲金融风暴，经济以及股市均出现严重下滑。在经济出现衰退之时，适逢政府推出"八万五"政策，楼市也出现崩溃式下跌。本来资产市场有起有跌，原是普通不过的事。事实上，恒生指数在1997年下跌后，2000年也曾再创新高。经历数年熊市后在2003年见底，再在2007年升至接近32,000点。如果投资者不幸在1997年最高位入市，又未能在2007年获利离场，经历多次风波后，现在仍能有26%的总回报，起码不用蚀本。但是如果投资者在1997年高峰期购入单位，即使在金融海啸之前2008年3月楼市的高点，仍要亏损21%。当然人们通常不会大肆宣传亏损的个案，反而赚钱的会较为受到注意，所以一般投资者便产生错觉，高估了物业投资的潜力。事实上若投资者在1998年10月楼市暴跌一年后入市，持有至今便会收获42%的升幅。问题是，若投资者在同时间选择把资金投放于股票上，利润却会高达161%。

而更惊人的是，即使在1997年前的泡沫经济繁荣期，楼市也未曾跑赢过股市。

理智：各地房奴处处忧

通过以上详细分析，是希望你们看到投资在物业的真实一面，而不是盲目以为买楼一定会赚钱。以下我再通过进一步的讲解让你们了解多一点投资在房地产出租和基金股票回报的分别，直白剖析香港人以为买楼收租赚钱的错误观念，避免你们陷入《富爸爸，穷爸爸》一书中所讲的负现金流的网罗中。

租金 vs 股息

除了会价格变动以外，定期收入也是投资的回报之一。投资物业放租，收取的便是租金，自住物业赚取的便是省下的租金支出，持有股票获得的便是定期派发的股息。

根据差饷物业估价处的统计，在 2008 年 6 月 C 类住宅单位（即实用面为 70 至 99.9 平方米）租金回报率为 3.7%，同期恒生指数的股息率为 3.22%。股息率在过去十年均比租金回报率为低，而且因为作为分母的股价较为波动，股息率的高低波动也较高，由 2000 年（科网热潮）最低的 1.71% 到 2003 年（SARS）最高的 4.32%。虽然不足四厘的租金回报连美国国库债券的息率都比不上，但可能是很多香港人热衷物业投资的原因，租金回报率其实是一个未除净的收入，而股息是上市企业在减去经营成本，计算了资本折旧，缴交利得税后，甚至预留作扩充业务的资金需要，才决定派发给股东的红利，两者根本不能直接比较。要计算租金真正能落入业主口袋的数目，我们要先扣减以下几项支出：

1. 差饷地租：所有在香港的物业均需每季缴交差饷。差饷以应课差饷租值乘以一个百分比计算，例如在 2009–2010 财政年度，应课差饷为一年租值的 5%。同时在新界及界限街以北的物业，以及在 1985 年 5 月 27 日《中英联合声明》生效后批出的土地契约亦需缴付地租，现时为应课差饷租值的 3%。虽然过去数期的差饷获得减免，但长期而言，投资者物业的租金收入可能会被扣减了高达 8%。

2. 管理费：现在香港楼宇的管理费由每平方尺不足一元到高达三四元不等。一般而言，屋苑式附有会所的楼盘管理费会较高，而物业越高级，设施越豪华，管理费亦会较贵。单幢式楼宇一方面可以节省园林会所等开支，但若伙数太少，必要的基本开支便会由较少业主分担。把管理费大概估计为租金的 10% 应颇为合理。

3. 物业税：在香港净租金收入需以标准税率 15% 缴交入息税。业主收取租金后，可以先扣减差饷支出（不包括地租），余额再扣减两成作修葺开支，剩下便须征税租金。单说物业评税，按揭的利息开支不会获评为可扣除项目，但如果业主选择了个人入息课税，则可以申索扣减按揭利息，且有机会尽用个人免税额，及以较低的累进税率评税。

值得一提的是，作为股东收取的股息则不需要缴交收入税。以笔者的理解，这是因为公司在赚取了利润的同时，已需缴纳利得税，从而不会再双重征税。而因为在香港利得税率比标准税率还高，和外国的情况不同，股息需按个人累进税率再评一次。

4. 维修：物业的维修有两大类。第一是公用设施的保养，第二是单位内的家具电器。公用设施的经常性开支很多时候已包括在管理费内，而通常也会在管理费抽一个比例作维修储备，但当楼宇逐渐老化，需要"大修"时，业主便需负担按业权比例的费用，可算为下文讨论的折旧开支。在这部分说的维修是指业主为租户提供的设备。

5.折旧：相比其他资本性的仪器，物业的折旧十分缓慢，因此会令很多人错觉以为物业是"砖头"，价值永恒。的确，新落成的楼宇在最初的十多年需要维修的机会很少（当然需视乎哪一家开发商，有些用料是出名的差），折旧率低至可以忽略，但是若投资者长期持有物业，便会有机会需要分担楼宇的维修费用，动辄数万甚至十多万亦是常事。事实上，近年房协推出楼宇维修资助计划及市区重建局的楼宇复修贷款计划正反映出楼宇维修常涉巨额的金钱，往往构成业主沉重的负担。物业的折旧率很大地取决于个别情况，差别可以很大，若真的要估计出一个普遍的数值，我们可以先参考税务会计上的做法。在香港的商业机构可以每年为商业建筑物扣减成本的4%作折旧，即可用25年摊分。即使我们把这年期增加一倍（试想象50年楼龄的物业状况如何），一年的折旧也要2%，这已经把租值回报的一半以上消耗掉了。

再让你们更多更多看到实际例子计算出来的结果，我尝试把我的个人案例写出来：

2007年末，我做出人生一个很大的决定，把住了十多年的房子，在2008年奥运会前一个楼市小阳春里卖去，然后转买为租。自从我毕业出来工作有一点经济能力开始，一直都是住在自己拥有的物业里，十多年从来没有租房子，这次的这个决定，并不是经济有问题，而是在我十年的财务策划工作里，数据上和现实上都令我体会到买楼是一个不划算的投资，除非我可以在很低的价钱买入，才会考虑再入市作自住用途。

我现在住的是香港马鞍山一套全新单位，业主刚于2008年从发

我的人生我做主

展商处收楼后，因为金融海啸，无法卖出，我就以每月 $14,500 租住这间现值五百万，100% 全新，三房两厅，面向海景的单位。

我把业主的投资效益计算如下：

假设业主支付 30% 首期，70% 按揭，买这套房子五百万，现在利息只是 2.25%（这是一个历史最低利率的时期，但利率会浮动，有可能升至平均 5%）。以 2.25% 计算三百五十万，还款期二十年，一年支付利息七万多，以及上述描述过的额外开支计算如下，结果发现，扣除租金收入后，出现了 (−ve) 负现金流的亏损情况。

业主五百万单位出租投资盈亏可能如下：

（金额以年计）

租金收入	+$174，000.00
差饷 5%	−$8，700.00
地租 3%	−$5，220.00
管理费 10%	−$17，400.00
税项 15%	−$26，100.00
维修	−$10，000.00
按揭利息(2.25%)开支	−$70，799.00
折旧 2%	−$100，000.00
租金盈利	−$64，219.00

租楼 = 帮人供楼吗？

不少朋友问我为什么要租楼，这岂不是"帮人供楼"？

为了让更多人知道为什么我有这个决定，我先假设自己买下现住的单位，计算出相关开支。

我所住的单位，现在市值约五百万，我需要拿一百五十万作首期，另外要支付律师费、楼价 1% 的经纪佣金和楼价 3% 的印花税等，费用约二十五万，这还不包括装修、家电、水电煤按金等，那么我先要拿出一百七十五万的现金。

楼价五百万的七成，即三百五十万，是向银行借来，分二十年摊还，现时按揭利率是历史新低，只有 2.25% 左右，每月供款一万八千左右（故此租金的 \$14，500 未够供款金额，还要另外支付管理费，地租和差饷共约三千）。假设二十年内的按揭利率平均为 2.25%，二十年后共付约八十五万利息，连同首期、杂费、本金 (表中称为 X)，二十年后还清按揭，楼价（ = X + Y）要升值至六百万左右才达打和点。

假如二十年内的按揭利率平均为 5%，二十年后共付约二百万利息，那么，二十年还清按揭后，楼价（ = X + Y）就要升至七百三十万左右才达打和点。

投资方案一：买楼自住

首期（30%）律师费+楼价1%经纪佣金印花税（楼价的3%）		按揭20年（70%）		按揭20年（70%）	
首期（30%）	\$1,500,000	按揭20年（70%）	\$3,500,000	按揭20年（70%）	\$3,500,000
律师费+楼价1%经纪佣金	\$100,000	每月供款(按揭利息@2.25%)	\$18,123	每月供款(按揭利息@5%)	\$23,098
印花税（楼价的3%）	\$150,000	20年总利息开支	\$849,590	20年总利息开支	\$2,043,628

我的人生我做主

X＝首期+杂费总数＝	$1,750,000	Y＝20年后总供款+利息＝	$4,349,590	Z＝20年后总供款+利息＝	$5,543,628
		20年后楼价打和点 (X+Y)＝	$6,099,590	20年后楼价打和点 (X+Z)＝	$7,293,628

我再计算一下别人所讲的"帮人供楼"，反而有额外两笔流动资金作基金投资：

第一笔额外资金：首先，我不用付一百五十万首期，不用付律师费、经纪佣金、印花税等，共节省一百七十五万，我用作一笔投资基金，二十年平均回报 9%，复息效应滚存至二十年后，会累积到金额九百八十万。

第二笔额外资金：以现在的按揭利率 2.25% 计，和现在我所付的全包租金 $14,500 作比较。每月供款 $18,123，管理费 $1,450，差饷地租 $1160，这些省下来后，扣除租金 $14,500，一共可省六千元左右，用过投资基金的话，9% 复息效应滚存至二十年后，累积到约四百万之多。

二十年后，第一笔和第二笔资金，用作投资基金所得的回报，加起来有额外一千四百万现金。

第二笔额外资金，如果二十年供款平均利息 5%，即每月供款约 $23,098，而租金升至平均 $15,950，相比供楼，每月可省下九千八百元左右，省下的作每月基金供款的话，9% 复息效应滚存至二十年后，累积到约六百六十万。

二十年后，第一笔和第二笔资金，用作投资基金所得的回报，加起来有额外一千六百万现金。

投资方案二：租楼+基金投资

		每月供款（按揭利息 @2.25%）		每月供款（按揭利息 @5%）	
"X" 作一笔过基金投资20年（"X"的详细计算见TABLE 1）	$1,750,000	每月供款（按揭利息 @2.25%）	$18,123	每月供款（按揭利息 @5%）	$23,098
		现付每月租金	−$14,500	每月租金（假设升10%）	−$15,950
		管理费	$1,450	管理费	$1,450
		差饷+地租	$1,160	差饷+地租	$1,276
		每月可用额外投资金额（定额投资）	$6,233	每月可用额外投资金额（定额投资）	$9,874
*A= 20年后回报（平均每年@9%）	$9,807,718	*B= 20年后回报（平均每年@9%）	$4,162,938	*C= 20年后回报（平均每年@9%）	$6,594,714
*以9%复利率算		20年后总回报（A+B）	$13,970,	20年后总回报（A+C）	$16,402,

租楼vs买楼

如果同样是二十年以供款利息 2.25% 情况下，买楼自住与租楼 + 基金投资的比较，买楼自住的，赚取的是二十年居住时间和楼价升值后的差额，但是肯定楼价最少要升至六百万左右才能达打和点。租楼住可省下首期，和省下每月供款之利息、杂费开支等，所省下的现金作基金投资，赚取的是二十年居住的时间，更另外积存约一千四百万。

如果供款利息和租楼相应增加的情况下，买楼自住的，赚取的是二十年居住时间和楼价升值后的差额，但是楼价肯定最少要升至七百三十万左右才能达打和点。租楼可省下首期和每月供款利息用作基金投资，赚取的是二十年居住的时间更另外积存约一千六百万。

究竟我租别人房子就是帮人供楼，还是业主资助我致富呢？

其实我并不是刻意跟买楼的人唱反调，买楼投资好明显在香港已没什么升值和保值（可重温上述提过在不同阶段的"中原指数 vs 恒生指数"的历史数据），而买楼自住是无可厚非的，但买楼一定要讲时机，切忌高追接火棒，应等到大跌市才买，实行"人弃我取，人取我弃"原则，这是李嘉诚先生的名言。成功人士与我们不同之处，在于成功人士不会抱住羊群心理，而是静观其变，等候良机。

除了劝喻朋友千万不要高追，另一个买楼必须要留意的地方，就是尽量不要买新盘楼花，免得连楼层、方向、景观、位置都没弄清楚就贸然出手。发展商很懂心理战，他们会刻意令展销会气氛逼人，使到你们非买不可。最近电视新闻也曾经报导过，有名男士只是路经一个地方，刚好有个新楼盘展销会，他被群众吸引过去看，然后被销售员拉进去，在那看似反应热烈的环境下，毫无准备便买下了一个单位，当时在销售员的游说和气氛高涨的情况之下，根本没有时间让自己冷静地计算清楚自己的经济能力，最后不获银行批核按揭贷款，累得要蚀首期和反被开发商追讨楼宇差价，结果要以申请破产离场。

我看到大多数香港人，很劳苦地工作，花大半生去供房子，为的是想有一个安稳的家，真的很希望我们懂得冷静地和有智慧地置业和投资，做个聪明富有的人。

筑梦：铅笔白纸画未来

很难想象一个没有梦想的人会是如何。其实我们每个人心底都会有梦想，只是我们不敢去想，因为现实环境的局限而进行自我能力设限。梦想是上天赐予我们的生命的动力，不要埋没它。我们可先为自己设一个短期内想去达成的事情，写下来，那些太远和太难的很容易令自己沮丧和放弃。这并非叫我们将埋藏心底的梦都要一一写下，我们要分为短、中、长期。短期的可以是一至五年完成，中期的可以是五至十年内完成，长期的可以是十年后达成。"想完成"和"能完成"虽然是两回事，但如果你一直跟自己说不可能，那就一定不可能了！

然而，很多梦想都要拥有同一个背景去支持我们完成，这就是经济能力。未必就是要有钱满足物质上的东西，也可以是指有空间支持自己发挥个人专长。例如我自己和太太的梦想是将来能够财务自由后，为教会工作和做义工。因此，先要计划如何去实行，以下是我提出的几个客户的梦想和达成方案。

你们可以现在就拿出笔来，写下自己的长、中、短期梦想。

无论是近期的梦想，或是很远的梦想，都要用笔写下来，让切实可行的理财计划来助你完成！

实例剖析
梦想个案一：长期计划

年轻人的退休理财	
<个人背景>	
人物:黄小姐（26岁）	
婚姻状况:单身	
职业:秘书	
收入:每月收入约15,000元	
开支:每月8,000元／每年旅行费30,000元	
理财目标:希望55岁退休，并在退休时已储备一笔约1,800万元退休金	

<个案分析小贴士>

经济状况：良好	
风险承受能力：高（年轻，长期）	
投资期：长期（29年）	
退休金总额：1,640万元	
储蓄金额：每月3,000元	
目标回报率：每年15%	
注意事项：每月储蓄3,000元绝对未够钱退休，但黄小姐现时的储蓄能力有限，这个金额可作为一个开始，日后收入增加便需要提高储蓄金额。	

　　黄小姐是个未雨绸缪的年轻人，大学毕业后投身社会工作只有三年，已明白单靠退休金不足以应付退休的生活费，为了有更好的退休生活，黄小姐打算寻找合适的理财计划，以达到退休后仍可维持现有的生活水准。

　　黄小姐是家中独女，父母早已为她买有一所面积约四百尺的私人住宅，所以黄小姐无需为自置居所烦恼。黄小姐是个活跃的年轻人，一有时间便喜欢出外旅游，除了每月八千元的生活费外，黄小姐需花费大约三万元在旅游方面，即每年黄小姐需要十二万六千元作为开支。

　　黄小姐希望五十五岁退休，假设退休后仍有二十五年的生活费需要储备，而每年的通胀为4%，黄小姐便需要储备大约一千六百四十万元以作退休生活费，假设退休金每年增长有7%，到时退休金只能储备到大约一百六十八万元。现时黄小姐每月只可额外拨出三千元以作储蓄，如果把这三千元放进银行，以每年三厘息计算，二十九年后只能储备到不足二百万元，根本不足以应付黄小姐的需要。为了帮助她愿望为真，笔者建议了一个基金储蓄计划给她。

基金储蓄计划就是以每月供款形式购买基金，由于它是以定时定额的方式来投资，所以除了有一般基金的好处外，还可以享受到成本平均法，即无需猜测入市时机，当基金价格下跌时，每月供款便会自动购入较多单位；相反，当基金价格上升时，每月供款则购入较少单位，只要持之以恒，储蓄目标好容易达到。

由于二十九年是一个长线的储蓄年期，所以我们建议一个较进取的投资组合给她，希望从而获取更理想的回报，而风险程度也会因为长远的储蓄年期而大大减低。

梦想个案二：中期计划

中年家庭理财	
＜个人背景 ＞	
人物：林先生 （40岁） 　　　林太太 （33岁） 　　　女儿 （1岁）	
职业：林先生任职贸易公司经理， 林太太是专职家庭主妇	
收入：每月收入约40,000 元	
开支：每月15,000元	
楼宇按揭：每月13,000元	
理财目标：送女儿往外国升学；清还按揭贷款；创业（若可能）	

＜个案分析小贴士＞	
经济状况：普通	
风险承受能力：中	
投资期：中长期(现时至18年后)	
目标金额：现欠楼按230万元，17年后教育储备金128万元	
储蓄金额：每月10,000元	
目标回报率：每年11%	
注意事项：要完成理想，林氏夫妇每月要尽量储蓄多点	

　　最近林先生公事上较为清闲，而且女儿已有一岁大，所以夫妇两人正准备重新调整家庭的理财策略。林氏夫妇在两年前以二百多万元购入一个单位自住，现在每月按揭供款一万三千元，供款年期还剩十八年。另外，林先生希望能在十年后清还按揭贷款，以便日后能安心计划退休或开创个人事业。林太则希望女儿能往外国升学，认为这样更能栽培女儿成材及对将来的发展更有帮助。

　　林家现时每月生活开支大约一万五千元，另供楼开支每月一万三千元，即每月林家可用作储蓄的资金约为一万元。现时林先生按揭欠款约二百三十万元，估计十年后尚欠银行一百二十三万元；以平均通胀为4%、学费升幅每年5%及现时学费及生活费每年分别为八万元及七万元计算，女儿十七年后升学的费用大约为一百二十八万元。

　　林先生需要的是一个有效率的投资方法，若以每年净回报11%计算，林先生每月储蓄一万元便可于十年轻松偿还按揭欠款及有足够的资金应付学费，在十七年后已解决了住屋和教育开支的需要后，林先生更会有三百四十万元作为创业之用。

林先生觉得以储蓄方法来投资很适合他们，首先不用一次性拿出大笔资金作投资，而且每月投资均按时执行，免却很多手续上的烦恼。再者，林先生对金融市场并不熟悉，亦不想花太多时间研究，每月投资能分散投资的成本价，使投资的风险大大减少，更适合用作长线投资。而且，由于市面上的基金大多以美元结算，亦可对冲将来外国货币汇价大幅上升为学费所带来的额外压力。

　　最近林先生阅读杂志，发现银行经理顾问不济，并知道专业投资顾问公司的服务比较全面，因为投资顾问的服务可以根据个别的顾客的需要设计理财计划及投资组合，而且更有专人定期为林先生跟进市场的情况，使林先生可以安枕无忧。由于林先生的投资年期长达十多年，我们建议他可作比较进取的投资组合，而且由于中国经济前景比较出色，是作长线趁低吸纳的时候。林先生可以将他的退休金储蓄投放于股票及债券基金，作长线投资，而我们将会定期为林先生的投资合作分析及建议，他便可继续安心策划将来的创业计划。

梦想个案三：短期计划

单身人士短期理财	
<个人背景 >	
人物：李小姐（28岁）	
婚姻状况：单身	
职业：室内设计师	
收入：每月收入约20,000元	
开支：每月15,000元	
理财目标：希望在4年内储蓄40万元，其中用15万至20万元买一部七人车代步，另偕同父母到美加旅游。	

＜个案分析小贴士＞	
经济状况：良好	
风险承受能力：中高（李小姐年轻，但计划属短期）	
投资期：短期（4年）	
储蓄金额：每月5,000元	
目标回报率：每年8％	
注意事项：妥善运用10万元现金，加上每月投资才可达成目标。	

　　李小姐今年二十八岁，是家中独女，与父母同住，故无须为住屋支出而烦恼。李小姐于早前考获私家车的驾驶执照，一向疼爱她的父母为庆祝爱女考获车牌特别购买了一辆簇新的二手日本房车予其做练习及假日代步之用。李小姐假日时喜欢驾车与父母或朋友四处游乐，故她希望可于四年后将现时的日本房车转手，并自资另购一部价值约四十万元的全新欧洲房车。李小姐曾向经营汽车买卖的朋友查询，四年后她的日本房车可以四万元转让，故李小姐预计届时必须储备约三十六万元。李小姐虽然不谙投资之道，但也知道在现时处于低水平的银行存款利率环境之下，若以放入银行作储蓄及收息以累积足够金额来达成自己的目标恐怕难于成事。与此同时，李小姐也想学习投资理财，设计个人理财方案和保本增值。

　　李小姐现时月薪有两万元，扣除每月给予父母的五千元家用及每月七千元的日常生活开支，以及每月用于汽车上约三千的支出（如停车场费用及汽油），李小姐每月可剩五千元。除此之外，李小姐有现金十万港元，正放在银行作定期存款。根据李小姐的情况我建议她可考虑将该十万元的定期存款改为投资在债券基金及股票基金上，假设债券基金每年平均的回报率为6%，而中国股票基金回报为10%。李小姐基于稳健投资策略，将所有款项的80%购入债券基金，另外20%买中国基金，故此回报率为6.8%，四年后李小姐的十万元现金便可累积至十三万元。

另外，我建议李小姐可将每月剩下来的五千元投资于每月供款形式的基金储蓄计划上，以每年平均8%的回报率计算，四年后李小姐便可获取二十八万四千元，届时，李小姐可以运用在基金储蓄计划得来的二十八万四千元，及债券和股票基金累积得来的十三万元，购买一部价值四十万元的欧洲新款房车。我建议李小姐可继续投资在单位信托基金上继续滚存，一方面可作资本增值，另一方面可保留以备日后不时之需。

此外，我建议李小姐的十万元储蓄投放在基金上，此策略风险较低，比单独投资在股票市场的风险少，所以适合李小姐投资。而在月供储蓄计划上，我建议可分散在多个不同区域来分散风险。由于李小姐投资时间较短，我建议一个较保守的组合给她，可把70%投资环球股票基金，这类基金分别投资不同的国家行业，风险可以分散，回报比较稳定；另外30%资金可放在中国股票基金，从统计数字显示，中国的经济正在高速增长，再加上中国在金融海啸中受影响最少，未来几年，回报应该理想。

梦想个案四：已退休计划

退休家庭理财个案	
＜个人背景 ＞	
人物：郭先生（61岁）	

经济状况：	刚退休，退休金及积存约共600万元，于自置物业居住，还有4年才完成所有按揭还款。
开支：	每月15,000元，另按揭还款约每月15,000元。
理财目标：	希望能有效地运用现有的资金，使自己及太太能安享晚年。

〈个案分析小贴士〉	
经济状况：	良好
风险承受能力：	低
投资期：	中期
目标金额：	储蓄100万元，现金投资600万元
储蓄金额：	每月5,000元
目标回报率：	储蓄每年10%回报，现金投资每年8%回报

　　郭先生现年六十一岁，与太太同住。早前媳妇生下儿子，郭先生决定提早退休，弄孙为乐，并与太太享受人生。郭先生在十一年前购入现时居所，当时订下的按揭还款年期为十五年，现时尚欠按揭供款约为五十万元。而现时郭氏夫妇每月的生活开支大概为一万五千元。在退休时，郭先生已获公司发放一笔约二百万的退休金，加上自己多年的积蓄，约有六百万元现金可供他退休后使用。

　　我了解郭先生的需要后，便做出了以下建议。因为银行利率不断下滑，投资气氛欠佳，故郭先生应运用他现有的六百万元现金来偿还剩余的五十万元按揭贷款，以减低利息开支及财政压力。剩余五百五十万元，郭先生可以把其中的二百万元放进银行，以应付未来数年的生活开支。至于剩下的三百五十万元，郭先生可以基金方式投资于有长线稳定上升潜力的地方，以对抗通胀，并应付未来长远的生活开支。

除此之外，他也可以每月从银行存款中提取两万元，其中一万五千元作为生活开支，另外五千元成立一个每月供款，以十年为期的基金储蓄计划。以平均每年 5% 的通胀率计算，郭先生的二百万元银行存款将会在七年后用完。而以 8% 复利率计算，到时他的基金投资计划将会有约六百万元的结存，故他可以从他的基金投资计划内再次提取二百万元并放进银行内，以继续支付他未来数年的生活费，而基金储蓄计划亦可继续运作。

以每年 10% 复利率计算，十年的储蓄计划将会为郭先生带来约一百万元的储备。若把这笔资金再存进银行，郭先生的银行存款将能支付他到七十七岁的支出。这时，郭先生还可以赎回剩余的约八百万元基金投资，以支付他夫妇二人的生活开支。以此计算，只要郭先生能充分地利用他现有的资金，他的退休生活相信绝对可以过得十分充裕。

要更有效或更快地达成梦想，其中一个关键是选取工具。所谓"工欲善其事，必先利其器"。而市场上的其他投资工具如股票、物业、基金、外币等，我会建议用基金投资作投资工具，因为它有五大优点，包括分散投资不同基金、相宜入场费、专业基金经理分析、复息回报、动态定额投资威力等。或许有些人弄不清楚基金和股票的分别，以下会详细解释基金的特性。

基金投资在外国市场极为普遍及流行，此种投资工具确实能为投资者赚取稳健收益。简单而言，基金是一种集腋成裘的投资工具，许多个别投资者将本身打算投资的资金集合一起，然后交由专业的基金经理替他们作出技术决定。基金经理会按照基金已订明的投资策略和方向，分散投资，减低风险。

基金投资的好处

1. 最低投资金额相宜。现在市面上很多投资工具的入场费均需要颇高金额，动辄数万元至数十万元不等，但基金却可以作小额投资，以基金储蓄为例，即使每月供款低至 1,000 港元也可参与投资。此情况可拿旅行社买团票为比喻，如果你自行向航空公司买机票，另外向酒店订房间，所需要的费用远比你向旅行社订购套票贵得多。旅行社以大量订购取得最优惠的价钱，所以我们向他们购买的机票酒店才能这么便宜。

2. 可争取较理想的投资回报。一般市民会把金钱存放于银行户口以复利滚存，但因利率通常比通货膨胀率为低，最近的利率创历史新低，几乎是没有利率，所以累积的财富相当有限。假若投资者选取一些表现良好的基金，以长远计，平均回报也会较银行存款为高，累积财富的能力也较为理想。

3. 分散投资，有效减低风险。一般投资者若选择直接投资，通常都会集中于本地股市，很难接触外地的市场，同时对外国股票亦没有足够的认知和足够的数据分析。透过基金投资外国市场，可以掌握环球的投资机会，更有效地运用资金，也可以分散风险。除了于投资产品上作分散投资，也可以在不同时间购入，以减低风险。如果要像基金一样以月供形式减低风险，那么得要更多资金才能达成，优质的股票最低消费起码要数万元呢！

4. 由专业基金经理管理。若投资者的眼光独到，选择投资股票或期货，可赚取的回报是非常可观的，但一般投资者往往因为财力不足，加上时间有限和专业知识的限制，参与这类投资会面对极大

117

的风险。基金经理则会详细分析繁复的金融数据，把筹集所得的资金投资于不同地方，并密切留意市场变化，随时作出应变策略，减低投资风险。现今投资工具包罗万象，但好多都是被包装过的。所谓的"包装过"是指基金衍生出来的产品，如果没有专业认识，可能会不小心选择错误，就像近来的雷万债券。

5.投资者的保障。基金受到有法律效力的信托契约内各项守则的约束，并由独立的信托机构负责为投资者保管基金资产及监察基金经理的投资决定。而且每一种基金在市场进行公开推广之前，必须先经证监会批核，以保障投资者的利益。此外大部分基金是在一些政治和经济十分稳定的海外地区注册，而其中也以美元作为结算货币，这可减低资金的政治风险。

退休：轻松做千万富翁

梦想成为千万富翁不是天方夜谭吗？难道是有什么惊人的投资秘笈才能完成吗？其实你只要有一个非常简单可靠的投资方法，然后持之以恒，就可以达到。

所讲的投资方法就是月供投资法，你只要每月定期投资 $5,000元，投资回报达到每年 9%，只需要大约十年的时间，你已经成为一个百万富翁，而要更进一步地成为千万富翁，你也只要大约三十年时间。但问题是，这样的回报率又是否可以达到呢？

在过去二十年时间里，恒生指数每年平均大约增长 12%，这还未包括股息再投资的收益，就算面对 2008 年全球金融海啸的冲击，恒生指数从高位大幅回落六成以上，恒指自 1988 年到 2008 年 10 月间的平均回报也还有 8.55%。另外，中国股票基金在过去的十年时间，平均的年回报也达到 13%，因此每年 9% 的年回报并不是没有可能，那么到底是什么令你可以成为千万富翁的呢？

答案就是复息效应。

复息效应是理财策划中一个重要的概念，其重点在于利息除了会以本金计算之外，新得到的利息同样可以得到利息，随着年期的增加，复息效应的威力也会愈来愈明显。所以相同的一个月供计划，越早开始所得到的效果就越大，这可以说是大大加强了复息效应的作用。

我们可以用回上面的一个例子来说明这个效果。

例子 A，投资者陈先生在二十岁的时候开始每月投资 $5,000 元，供款年期为十年，后来暂停供款，一直滚存至六十岁作退休之用，假设投资回报为 9%，共滚存到一千三百万元之多。

例子 B，陈先生的中学同学黄先生，他们年纪一样，同时间认识这个投资计划，可是黄先生于三十岁才开始这个投资计划，月供三十年至六十岁退休用，假设回报同样为 9%，直到六十岁时只累积到大约九百万的资产。

陈先生比起黄先生早十年开始计划，累积金额比黄先生多出 48%，不要忘记供款上的差额，陈先生只供了六十万 ($5,000 × 12 × 10)，黄先生供了一百八十万 ($5,000 × 12 × 30)，有着三倍的差距。这个巨大的差异，全因时间于复息效应中发挥了作用，其实两个例子中最大的分别就在于陈先生在三十岁时，已经储蓄了一笔款项作投资之用，不单在这十年有所增长，而增长也在往后的三十年复息地计算。而黄先生则在三十岁的时候才开始储蓄，虽然到了六十岁的时候，他的总供款银码是陈先生的三倍，但正由于滚存的时间不够陈先生长，所以造成总价值相对较低。

由以上的例子可见，复息增长的时间性有着决定性的影响，时间愈长，效果愈显著。这也说明愈年轻开始储蓄，最后得到的成果就愈大。所以，只要懂得运用复息效应，做个千万富翁并不是梦。

例子A（陈先生）			例子B（黄先生）		
岁数	投资金额	累积金额	岁数	投资金额	累积金额
21	60,000	654,000	21		
22	60,000	136,686	22		
23	60,000	214,388	23		
24	60,000	299,083	24		
25	60,000	391,400	25		
26	60,000	492,026	26		
27	60,000	601,708	27		
28	60,000	721,262	28		
29	60,000	851,576	29		
30	60,000	993,618	30		
31		1,083,043	31	60,000	65,400
32		1,180,517	32	60,000	136,686
33		1,286,764	33	60,000	214,388
34		1,402,572	34	60,000	299,083
35		1,528,804	35	60,000	391,400
36		1,666,396	36	60,000	492,026
37		1,816,372	37	60,000	601,708
38		1,979,845	38	60,000	721,262
39		2,158,031	39	60,000	851,576
40		2,352,254	40	60,000	993,618
41		2,563,957	41	60,000	1,148,443

42		2,794,713		42	60,000	1,317,203
43		3,046,237		43	60,000	1,501,151
44		3,320,399		44	60,000	1,701,655
45		3,619,235		45	60,000	1,920,204
46		3,944,966		46	60,000	2,158,422
47		4,300,013		47	60,000	2,418,080
48		4,687,014		48	60,000	2,701,108
49		5,108,845		49	60,000	3,009,607
50		5,568,641		50	60,000	3,345,872
51		6,069,819		51	60,000	3,712,400
52		6,616,103		52	60,000	4,111,916
53		7,211,552		53	60,000	4,547,389
54		7,860,592		54	60,000	5,022,054
55		8,568,045		55	60,000	5,539,439
56		9,339,169		56	60,000	6,103,388
57		10,719,694		57	60,000	6,718,093
58		11,095,866		58	60,000	7,388,121
59		12,094,494		59	60,000	8,118,452
60		13,182,999		60	60,000	8,914,513
	总计	HKD600,000			总计	HKD1,800,000
	现值	HKD13,182,999			现值	HKD8,914,513

　　2008 年底的金融海啸，用"海啸"这个词是当真贴切。因为海啸是一浪接一浪的意思。那时市场气氛悲观到极点，投资者的信心尽失。然而这正是有实力的长线投资者用"定期定额投资"部署买货的最佳时机。

　　长线投资首要是股值，懂得高沽低渣。牛气冲天时并不是长线

121

投资者的入市时机，要入市一定是等大跌市后，特别是到了熊市三期出现后，才能以低于实质价值的股价捡便宜货。

历史每隔数年就重演一次：1997年股灾，1997年亚洲金融风暴，2000年科网股爆破，以及2003年SARS风波……尽管环球金融市场正弥漫一片恐慌，投资者信心不足，但作为长线投资者的基金，根本不用对金融市场的波动而感到过分悲观。因为每次这些大跌市都帮助我们以超低位买入，发挥着平均成本法的效力。

有些人仍未清楚什么是平均成本法，这就是我经常说的定期定额投资的效应，意思是每月都有指定的金额买货，无论市况如何。下面两张图片，描述投资者每年用一千元美金买入基金，共供了十年时间。图A是市况一直上升，图B是一直跌，后反弹，十年才回到起初的买入价。但结果就像图片B的笑脸一样，这样市况使同一金额所买的单位更多，也令投资者所赚取的金额更多。

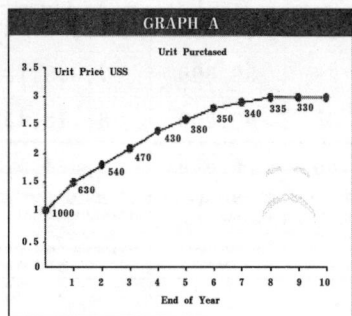

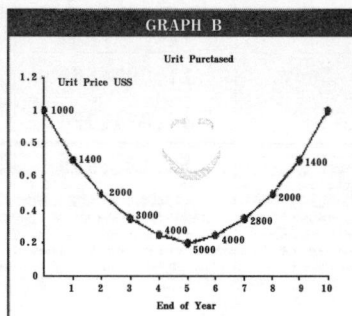

定额投资每月定期投入一定金额的投资方法，基本上已经具备分散投资风险、降低波动的功能，但是仍然很多定期定额投资人，一遇到市场大幅修正，发现投资报酬率变成负数，就无法接受，一旦账面上出现30%-40%的亏损，有些甚至情绪接近崩溃，纷纷选择

我的人生我做主

停供。我们对此行为实在深感可惜，因为根据 MSCI 世界指数测算结果，投资人只要定期定额三年以上，报酬率都很好，都是正报酬。可见定期定额的基金是一个很好的长期投资工具，但是一停供就会功亏一篑。

市场下跌，才是加码的机会来了，定期定额才能多买一些单位。

图中笑脸的出现，是必须经过市场下跌的，所以投资者千万不要忘记这个笑脸的意思。

结尾：追寻富中之富的人生

我的梦想是当财务自由的时候，不用工作而有被动式的收入，我希望能有更多时间借着我人生的经验和性格上的长处帮助别人。

我本身的工作也是一位讲师，善于演讲，热爱和享受在台上与人分享。如果能用个人专长来帮助别人，确实是一件妙事。我盼望能够在今天充满消极、无助、忧虑的社会，以演讲的方式影响别人，用积极和鼓励的话语来激励别人，这是我的梦想！

但是，支持我达成梦想，必须要有被动式收入，才有时间去做。在《富爸爸，穷爸爸》一书中的一个四象限图如下，左边是主动式收入，要用时间来赚取金钱，员工和自雇人士属于此类型。那些高收入的医生和律师，如果没工作便没收入，那就是说用时间换取金钱的高薪劳工。右边是代表被动式收入类别,包括系统的生意和投资,用资产来带动收入。麦当劳就是一项有系统经营的生意，老板不用全时间在餐厅工作和管理就定时会有收入生产，因为有系统帮他运作餐厅。可是这种类型的投资，所需的金额十分巨大，一般人做不了这类投资。

123

E FMPI OYFF （受雇）	B BUSINFSS+SYSTFM （生意＋系统）
S SELF−EMPLOY （自雇）	I INVESTOR （投资）

主动式收入
Time　$

被动式收入
资产　$

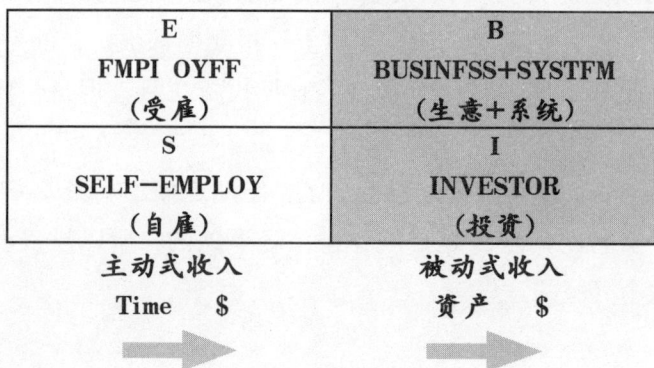

　　所以我考虑了另一种被动式收入模式，就是用资产作投资。从中定时会有收入作为我达成财务自由来实践梦想的桥梁。我在十年前已经以每月 $3,000 元作基金投资，不久把供款额提升，并且在十年间先后几次增加供款额，我的计划平均有 11% 年回报。十年后的今天我已加码为每月三万元供款，如果同样有 11% 回报，二十年后就有两千六百多万。二十年后仍未到达退休年龄，但所得的总累积金额，已足够我退休之用。

　　《富爸爸，穷爸爸》一书中的被动式收入概念，指善用资产带动收入，就像我投资基金的策略。将来假如自己想提早退休，早日达成梦想，奉献教会和有需帮助的社群，我就可以分阶段和分银码提取，用作支持生活费，而余下保留在基金里的资产，仍然会运作和滚存，确保我在下一阶段仍能提取作为生活费。

　　下图中的两个齿轮，上面的是"工作收入"齿轮，它是靠工作而获得的工资来推动齿轮转动，即"主动式收入"；下面的是"投资收入"齿轮，它是靠"工作收入"齿轮的转动来推动它。因此它的转动是被动的，但它能产生资产，即"被动式收入"。

这就是《富爸爸，穷爸爸》的致富之道，是否你也可以梦想成真，在乎你是否懂得多加一个齿轮来帮你推动梦想。

富爸爸致富之道！

主动 → 停

Salary Income
工作收入

Investment Income
投资收入

被动 → 自动

附：李启仁先生的 DISCUS 性格分析报告

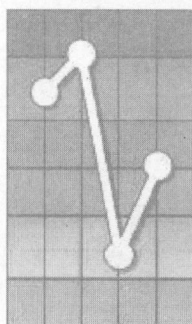 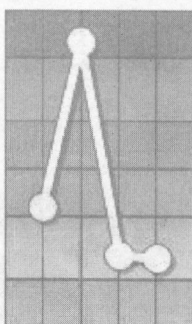 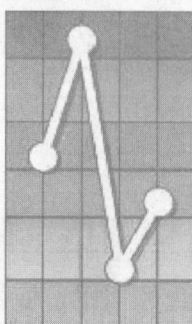 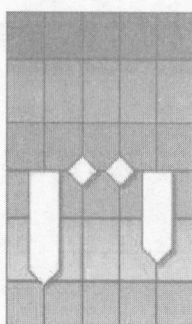

DISC   DISC   DISC   DISC

内在分析表

内在分析表的最高点，代表着你最自然真实的内在动机和欲求。这种行为之所以常在你处于压力时显现，是因为你没有 " 空间 " 或时间调整行为。

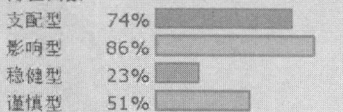

内在因素	
支配型	74%
影响型	86%
稳健型	23%
谨慎型	51%

外在分析表

外在分析表描述应试者认为自己应呈现的理想行为。这种图形通常代表个人试图在工作中采用的行为类型。

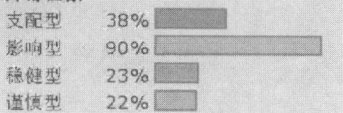

外部因素	
支配型	38%
影响型	90%
稳健型	23%
谨慎型	22%

总结分析表

真实世界里，应试者通常会表现出与内在分析表（直觉行为）及外在分析表（视现状调整的行为），这两种分析表一致的行为。总结分析表是这两种描述个人正常行为图形的综合。

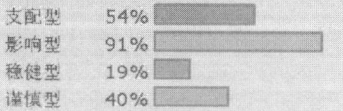

总结因素	
支配型	54%
影响型	91%
稳健型	19%
谨慎型	40%

转换模式

转换模式图形显示应试者的内在和外在分析表之间的改变，并凸显应试者正在进行的性格调整。

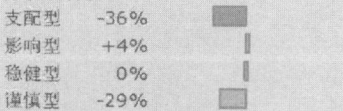

分析表转换	
支配型	-36%
影响型	+4%
稳健型	0%
谨慎型	-29%

我的人生我做主

　　启仁天性开朗乐观，能在人际交往中找到很多自己的乐趣。有他的地方，就不用担心冷场。此外，也不必担心他会漫无目的地闲聊。他本身具备相当的目标感和自控力，在社交场合，会呈现出风度翩翩的一面。有人会错觉风度和阅历有关，别忘记老顽童们终其一生都扮演插科打诨的角色。风度往往与目标感和自制力相连。目标感能让他迅速找到适合场合的幽默感，自制力会让他很好地把控"度"。而他亦因此能在与别人交往的过程中得到赞赏和自信，从而有助于他更好地完成工作，建立事业。

　　启仁心态开放，会很注意吸收外界的资讯营养，加之本身热衷于对外交流沟通，视野非常开阔。但 S 比较低，会令他对于乍听上去没有兴趣的东西容易走神。因此如果快乐的启仁希望能不断修炼自己，不妨练习一下耐心地聆听那些看似枯燥的话语。

　　启仁对于事情和目标同样非常关注。他会倾向于制定对大家都好的目标，然后进行沟通，达到齐心协力共同向目标迈进的效果。这是一种联盟式的领导风格。不管是对客户还是对员工，他都希望能帮助他们完成他们自己的目标。酋长风格的领袖关注权威和信任、头狼风格的领袖关注生存和竞争，两者的共同点都是关注整个团队的整体利益，而盟主风格的领袖，往往关注各取所需各尽所能，聚焦团队内的个体差异。

　　不同行业中，所需的领袖风格是不一样的。没有错与对，只有合适与不合适。

人脉
工作
休闲
学习
心灵
健康
理财
家庭

第二章

用努力开创成功

路遥知马力

李长军
（魅力今生时尚健康俱乐部总经理）

编者按：李长军先生的稳重与刚毅给人留下非常深刻的印象。来自东北的汉子，给人第一印象总是豪迈爽快。交谈渐深时，便能发现原来他也有着非常细腻富于变化的一面。他的话并不算太多，但总是能快速地察觉到交谈者的疑虑、好奇和情绪波动，做恰到好处的补充和调侃，很好地保持着亲切的交谈气氛，让人舒适愉快。

作为一名健康产业营养讲师和培训导师，他认为健康才是财富人生的关键，健康是家庭幸福、工作成功的前提，是富中之富人生乃至一切理想实现的前提。而从前的人生经历，则是自己回忆里的一颗颗珍珠，用思索去提炼，如今散发着智慧的光芒。李长军从经商转型做健康产业培训，带领一批有共同人生追求的讲师，为人们的生命健康奉献自己的一切力量。

学习：开启宝藏的钥匙

学与不学，天壤之别

三十年前，我读小学，一位亲戚从国外带回来一块电子表，那是我们这里所有人从来没见过的高档商品。在我们的眼里，简直漂亮得不像话！不但分秒不差，还比爸爸戴的上海表多了一个按钮。天黑的时候，按一下，里面的小灯就亮了，可以清晰地看时间。简直太先进了！记得后来，用了相当于爸妈两个月的工资买下了这块电子表。用现在的工资换算，大约要一万块。

二十八年前，姐姐订婚，她的婆婆用自己戴了几十年，而且分量不小的纯金戒指，跟别人换了一块崭新的电子手表，送给姐姐作为贵重的订婚礼物。当时很荣耀。

十七年前，我下海经商。第一次佩戴的电子产品，是一只中文显示的摩托罗拉传呼机，价格三千多元。当时，如果我在原单位上班，月薪应该是一百五十元，相当于二十个月的收入。

十六年前，我买了第一部手提电话，那时叫大哥大。牌子同样是摩托罗拉，花了两万多元人民币，当时足够买一套房子。那时的移动电话是模拟机，功能还不如现在两三百元的数字电话，成本极低。除了塑料以外，有点价值含量的，也只不过是一块芯片。

二十几年过去了。想一想，只因为"落后"我们就用整吨的黄金，去换发达国家的塑料和废铁。这个差距主要源于思想的差距，知识的差距，正所谓"贫穷就挨欺，落后就挨打"。

古代战争，一刀一枪，比的是人多力量大。因为他们用的是相同的武器。而面对现代化的核武器，再多的人，最终的后果也只不过是一堆废肉而已。二战时期，在东欧战场上，曾经上演过一幕惨烈的画面。一方是波兰骑兵手舞战刀冲向敌人，而对面是德军的坦克装甲部队大批压进。战斗的结果不用讲，与其说这是一场战斗，还不如说是一场杀戮。德军几乎没有伤亡，波兰骑兵全军覆没。

同样的画面，在我国历史上的鸦片战争和"义和团"事件中也出现过。清兵和"义和团"成员，个个身强体壮，武功高强，自认为"刀枪不入"，他们不理解，为什么八国联军士兵没有拿大刀、长矛，而只拿着根"烧火棍"。一位清军将领笑道："这样的军队，完全不是我们的对手，一定可以战胜。"可是打起来，清军大败，被"烧火棍"打得血流成河。

在一次战斗中，八国联军攻下清军的一个阵地，清军死了四百多个，联军只轻伤两个士兵。清军对敌人的兵器十分不理解，对洋人的战法，也十分不理解。为什么自己比洋人兵强马壮，一打起来却会失败呢？想来想去也想不出是什么原因。因为他们的整个思维还是冷兵器时代，当然想不出什么原因。这样的战争，简直是"隔时代战争"。这种巨大的差距，根本上，又是思想的差距，知识的差距。

"差不多"思想误人误己

传统文化"中庸"甘当老二的思想，不知在何等年代就深植人心。让我们这些傻孩子，从小就听惯了"比上不足，比下有余"。同时，我们从小就学会了"学习还行"、"还凑合"、"马马虎虎"、"还可以"、"差不多"这些没准的模棱两可。表面上看似谦虚，实质纯属没谱。长此下来，就形成了牢不可破的思维模式——"差不多就行，差不多就不算差"。这种思想，让我们很吃亏。

我的人生我做主

奥运赛场上，各项世界冠军被人敬仰，且具有绝对的价值，但有谁去关注第二名？同样，世界最高峰是珠穆朗玛峰，人人皆知。又有多少人知道世界第二高峰？赛马场上跑得第一的赛马价值连城，而第二就是输家，哪怕相差只有半个马头。

在商业领域，第一品牌，几乎可以占到同类产品大部分的市场份额，并且利润丰厚。相比之下，其他众多品牌只能去分得剩余份额，利润可怜。

人与人之间的差别，本身并不大。单从智商而言，只要是正常人，相差只不过是 3% 左右。让我们看一看 1996 年美国一家公司 CEO 的年收入，与一个普通工人的年收入做比较：

CEO 收入：三百七十万美元

工人收入：两万美元

差距为：一百八十五比一

公司里的一个人可值三百七十万，而同一家公司的一个普通工人仅仅值两万，这难道不是很令人惊讶吗。这是怎么回事？你可以问问自己。

有一次，我在吉隆坡，去参观双子星塔里的名品店。同行的一位女士买了一个 LV 的牛皮提包，花掉一万多元人民币。这个价钱，足够买到几头牛。同时，也相当于上百个普通皮包的价钱。事实上，生产一百个包，当然需要更多的原料和手工，成本耗费当然大。而总价才顶一个 LV 皮包的价钱，到底差距在哪儿？这就是"差不多"的悲哀。

做观念上的赢家

落后，根本上是观念的落后。"观"字，可理解为观点，看法，眼光，眼界；"念"字，意为意念，理念，信念，都是指思维方面。总而言之，观念落后，是由于眼界和思维不能与时俱进；并非不进步，而是进步得比别人慢，也就是"差不多"，但实际上差远了。

2009年，世界经济在危机声中苦不堪言。近几年，关于"危机"的话题颇多。感情危机，信任危机，环境危机，就业危机等。一位社会学家讲：二十一世纪最大的危机是缺少"危机感"。有危机意识的人，往往在危难时刻发现商机，把握时机，力争转机。这就是时势造英雄。

人人都会说："用发展的眼光看问题"，可思想却并不一定是这样。几年前，我从齐齐哈尔坐火车去上海开会。车行一夜，第二天早晨，一个二十多岁的小伙子刚刚补到卧铺，提着两个重重的袋子来到我们这里。这时，邻铺的一位五十多岁领导模样，持山东口音的男士，率先打开了话匣子。通过他俩的对话，我得知，小伙子是浙江温州人，做刻原子印章生意，往返于温州与内蒙之间。山东男子问他，那么远跑内蒙来做什么。小伙子讲，通辽蒙市属地名称有变化，他们听说就赶来了。我问了一句，这跟你们有什么关系？他回答，属地名称改了，当地所有单位的公章字头都得改，必须重新刻章，我们只要拿下20%的单位，三个月就可以做到几百万的生意。听后我暗暗佩服这个年轻人的头脑。当那山东口音男子，听说我是黑龙江人时，更加滔滔不绝地讲了起来。他说，黑龙江有多落后，家家南北炕，都是小平房，下火车坐毛驴车等等，是连我都没见过的情境。我否定了他的话，告诉他根本不是这样。他一听急了，很坚定地说自己在黑龙江住了三年，他所说的一切都是事实，是亲身经历。我问他是什么时候。他说，他十九岁下乡大约是七四年。我反问他：你知道七四年的深圳是什么样吗？七四年的温州是什么样？山东又是什么样？他还要辩解，我无语。我知道，虽然今天已进入二十一世纪，而有些人的思维，还停留在上个世纪七十年代，这种人大有人在。对面两个男人的对比，我又深层地理解了，什么叫差距。如果一个人，用过去的眼光看今天，到将来，他还是生活在过去。

荷兰东部有一个叫德布尔的珠宝商，为庆祝十周年店庆，向四千名顾客寄出邮件，其中二百个信封里有钻石。邮件寄出之后，他就开始等待人们的赞美和谢意。可是，每次邮递员来，带给他的都是失望。怎么回事呢，于是开始打电话向一些客户询问，结果使德布尔又好气，又好笑。原来，顾客们对邮箱中的广告邮件，不厌其烦，只要见到，来自某某公司和某某商家的邮件，就把它们扔到垃圾桶里去。自然，德布尔装有宝石的邮件，也被他们当做"垃圾邮件"扔掉了。得知这一结果后，德布尔在当地媒体上发表感慨：

1. 哪怕是珠宝商的"别出心裁"，也有非常愚蠢的时候；

2. 宝石的光芒，穿透不了人们的习惯思维；

3. 一个人如果过于"沉得住气",有些事情他将永远也弄不清真相；

4. 将一件东西变成垃圾的，首先是人的大脑——许多情况下，人的大脑与垃圾桶没有什么区别。

并非"学历"创造财富

高等教育真的很重要，但高等学历真的什么都不能代表。在贫穷的西北山区，一个知识分子家庭，原本靠单位生活，工资不高，还能维持生活。单位破产后，夫妇双双失业。只能领到一点点可怜的下岗费，很快就被花完了。之后，一家三口天天饿肚子，没有了生活来源。这天，不懂事的孩子哭着喊饿，于是父亲便领着小孩上街找吃的，来到一家生肉摊前，孩子嚷着要吃肉。万般无奈之际，父亲只好乘人不注意，随手抓起一块肉就跑。结果，没跑多远，便被人抓到，当摊主听完了父亲的哭诉和哀求后，便好心地割了一公斤肉送给父亲。父子俩千恩万谢，一路含泪回到家。

回到家中，母亲马上将肉切碎，下在锅中。父亲这时，不知从哪儿弄来的耗子药，便一块儿下在锅里。一会儿，一大碗香喷喷的红烧肉便端上来了，于是，一家三口美美地吃了一顿"最后的晚餐"……

这个故事可以告诉我们，很多有学历的人，不懂得运用自己的才智去创造生活。一个月前，我的一位远亲四处托人，就是为了给儿子找工作。他的孩子很有学历，国家著名医科大学博士研究生毕业，毕业一年多，但还在找工作。现在已三十多岁，现状是打工无门，生活窘迫，靠妈妈生活。

小时候的一个玩伴，二十几年前考入某航空大学，专业是飞机制造，现在给一家私企打工，做防盗门。学历不低，但没用上。

在上海，我有一对好友夫妻，有一次请我吃饭的时候，女士开玩笑对我说："李哥，俺家老公这么高学历都是给人打工，他们老板初中都没毕业。企业干这么大，给他打工的硕士以上学历的就有四十六个人。这个现实，想一想就觉得好笑。"

其实我想也没什么好笑的。他的老板，虽然学历不高，但能力绝对不会差。真正的能力往往来自于社会大学，在实践中永不停止的学习。

美国近几年有一本书很热——《世界上到处都是有才华的穷人》。作者罗伯特·迈耶，讲述了学历与学习力，人才与人物的不同。

电视剧《亮剑》中有一段情节是这样的：国民党军官楚云飞，看到八路军独立团一场漂亮的作战后，立即派人打听，国民党指挥官是黄埔军校毕业的，而李云龙根本没进过军校。

这种种事例说明了无数个没有学历的领袖、军事家、商业奇才，他们超人的才能来自于超强的学习力。

经验是宝贵的财富

上帝给了人类各种能力，但并没给人预知的能力。如果你能知道，明天哪一支股票会涨停，那么，从一万到亿万是很简单的事情。再假设，如果你知道彩票的哪个号码能中头奖，那最终会是什么样的结果，简直无法想象。

预知是不存在的，所有事物的发生、发展，往往都有一定规律。从而，人们在探索中总结经验、掌握技巧，并了解事物，灵活运用才是成功的基石。它既节省时间，能让你少走弯路，也能降低成本，帮你创造更大的价值。

福特汽车公司的一台设备，出现了故障，影响了生产，于是请来一位专家检查。那位专家用耳朵逐个部分地去听，最后在某处停了下来，在机器的一个位置，画了一道记号，并对工人说："问题就出在这里，把它打开，是线圈烧了。"于是工人们换上新线圈，故障就排除了。

福特公司奖励那个专家一万元美金。在领取的时候，有人问他："你只是在设备上画了一道记号，就领了一万元美金，这钱赚得太容易了。您认为您画的一道，值得这一万元的美金吗？"那个专家笑了笑回答道："我画一道只值一美金，但我知道在哪儿画，值九千九百九十九元美金。"这就是经验的价值。

生活离不开经验，从远古的钻木取火、种植养殖、采药医病、语言文字的发展，到现代科技、电子信息、航空航天，都是千万年来，经验不断累积的结果。我也曾听人说过"经验害死人"，那只不过是简单思维中，偏激的想法而已。如果离开经验，人们早上出门后，晚上就无法找回自己的家，甚至饥肠辘辘时，都不知道哪些是食物，哪些东西不能吃，那不是可笑吗？去登山旅游或到原始森林探险，往往要找一个向导引路，以免迷路受困。引路者，凭的就是经验。

抛开经验乱撞的结局，往往惨不忍睹，实例不必多举。

获得经验的途径有三种：

1. 自己去撞，头破血流后再总结经验。

2. 看到别人头破血流就总结经验。

3. 主动学习别人的经验。买回自己的光阴，浓缩成功的历程。

财富：不会从天而降

要实现财务自由有五大必学能力

1. 人与人需要沟通

有这样一对老夫妻，年轻时生活条件很差，吃到一个煮鸡蛋就是最好的美食。男人总是把鸡蛋黄分给爱妻，说自己不爱吃。妻子感到很幸福，并把蛋白送给丈夫吃。几十年过去了，他们依然用这种方式，来表达他们的爱。晚年，丈夫生病，即将离开人世前，老太太问他还有什么心愿。老头说自己想吃一口鸡蛋黄。老太太惊讶地问："你不是不爱吃吗？"老头说："我从小最爱吃鸡蛋黄，认识你以后为了让你吃，我撒谎说自己不爱吃。现在我要走了，真的好想吃一口鸡蛋黄。"老太太听了放声痛哭，也说出了埋藏了一辈子的心里话："其实我最讨厌吃鸡蛋黄，我爱吃鸡蛋清，因为爱你，我始终没告诉你。"

这个小故事让人感到遗憾，人与人缺乏真心的沟通和交流。语言的掩盖和修饰，让真实性大打折扣，当人的心门没有真正打开的时候，沟通无法达到最好的效果。

2. 沟通是把控心理的艺术

1999年秋，一位保险公司的经理，听完我讲的一堂课，强烈邀请我给他们公司讲一场关于"沟通艺术"的课。课后的信息反馈是所有的营销人员，拜访客户人数翻倍。压力小了，快乐多了，工作更轻松，收入也涨了。第二个月整体业绩增长了一倍。

一位骨干讲，之前出去做业务，常常做好被拒绝的准备。在潜意识中，结局就是遭到冷眼和拒绝，都是带着压力去工作。客户简直成了谈判的对象，不管三七二十一，按着套路讲，只管自己痛快，不顾别人的感受。话不说完，绝不回府，有时候会讲到自己绝望。面对顽固的家伙，气由心生，结束语又添加了几句讽刺挖苦，不吉利的话，令人反感，最后生意没做成，朋友也没办法做了。

沟通不是讲解和倾诉，更不是灌输，最高的境界是心与心的融合。这种功夫要通过训练才能掌握并运用自如。多数人提到沟通就想到说服，于是出口成章，一条条大道理像巨石一样压人。

3. 闭嘴倾听

德国的一个小笑话，讲的是一对老夫妻，一生生活惨淡，感情疏远，勉强度日。缺少快乐的原因，在于太太永远有讲不完的话，就这样絮叨了一辈子。老头子为了躲避她，养成了钓鱼的习惯。一天老太太有话却找不到倾诉者，就到河边找钓鱼的老头。老头子坐着一声不吱，老太太没完没了地说着。过了很久也没有鱼儿上钩，老太太就开始批评老头子："你怎么这么无聊，太阳晒着，风吹着，饿着，累着，家也不回，而家这么穷，你却连鱼也钓不到一条，还有什么用。"正说着，一条鱼儿上钩了，活蹦乱跳。老太太又絮叨起来："这鱼咋这么倒霉，今天怎么遇上了你，本来活得挺好的，就要没命了，它怎么这么惨。"一直没有开口的老头终于忍不住回了她一句："它要是知道闭嘴，它的命就不会这么惨。"

我们能从这个笑话里，悟出一些道理。人有两只耳朵，一张嘴，就是告诉你，要多听少说。

倾听式的沟通，比倾诉式效果要好上一百倍。倾听可以了解需求，打开对方的心门，消除误解，增进友谊。甚至高明的沟通者，可以让倾诉的人，对自己产生心理依赖，从而客户主动找你，接近你，离不开你。

倾听如果只是在傻听，那等于是浪费生命。在倾听的过程中，完全占有主控权，这种技巧，需要专门训练。简单地讲，你必须会引出话题，导引方向，适当的认同、赞许和鼓励，也必须懂得打断话题，修正话题和提出见解。把你要讲的话送给他，让他认为是自己的话并讲出来。在倾听中沟通，最后要达到的结果是"请跟我来"。

4.DISC 性格学是高效沟通的钥匙

与狼共舞要懂狼性，驯养老虎要懂虎性，与大脑发达思想复杂的人沟通必须懂得人性。

性格学是心理学的一个分支学科，它把人的性格按照特性分成了四种，分别用 D、I、S、C 四个字母代替。D（Dominance）代表支配型。I（Influence）代表影响型。S（Steadiness）代表稳健型。C（Compliance）代表服从型。在中国也有人把这四种性格分别称为：力量型、活泼型、平和型和完美型。

现代 DISC 理论首先出现在 1928 年美国人威廉·摩顿·马斯顿的《常人之情绪》一书中，这是第一次将心理学应用到一般人身上，而不是单纯的临床设定。马斯顿最为人熟知的是他发明了测谎仪器，他致力发展 DISC，以协助证明他对人类动机的想法。2004 年我第一次接触了性格学，在学习理解和实际应用中产生了酷爱。2007 年开始深入学习研究并运用到企业及营销领域。在理论与实践中总结了丰富高效的经验。《性格与管理》、《性格与沟通》、《性格与销售》成了深受欢迎的品牌训练。他们提倡：不懂人性就不要乱搞教育，不懂人性就不要乱管理，不懂人性就不要乱带团队，不懂人性就不要乱做销售。

在杭州的一节沟通训练课上，我拿出一把锁，一把锤子，一根铁棍，一把钥匙，问在场所有的人，哪一种工具能开锁？大家异口同声地喊道钥匙。我回答：没错，但不完全对，锤子和铁棍都能开锁。与钥匙相比，只是它们付出的力气不一样，打开的时间不一样，最关键的问题是锁都是被打开了，但同时也报废了。于是，我让前排一位弱小的女生上来，她轻而易举地把锁打开了。接下来，又挑选了一位看上去很干练的男士上台。让他把刚才那把钥匙拔出来，我又从讲台上拿出一把锁，让他来开。他试图想打开，但却无能为力。那时，我告诉大家，我们都知道用钥匙开锁，但问题是又常常用同一把钥匙去开不同的锁。就像平常的沟通，有时候费了九牛二虎的力气，结果适得其反，就像拿错了钥匙，看上去自己没做错却解决不了问题。同样的方法，第一次用过了有效，但是不保证下一次用也有效。我自己常常百思不得其解，原因其实很简单，了解并擅用人性，一切迎刃而解。再复杂的问题，说到底，也就是人的问题。

5. 销售的能力，决定人生价值的体现

销售，不是指常人生活中的卖东西。那只是销售概念中，最简单的一个方面，切勿狭隘化。2009 年 11 月初，我去台湾旅游。车行台北与台中各地，几天下来，一路看到很多的人像广告牌都很类似，往往是一个人的巨大喷绘照片，上面还附着一句个人感言。感言多数都写着诚信、正直、责任、理念等一类的东西。咨询了导游才知道，这些人都是不同级别参选的候选人。有的甚至是在竞选村官，这就是在推销自己。推销得好，选票就多，谁票多，谁当官。这让我联想起美国总统竞选，他们也拼命在公开场合或媒体亮相，并演讲和宣传自己的优点、观点和能力，这是一种推销自己的方式。

我还在电视上看到过，一位美国总统候选人，名字我记不起，形象却永远能让人记得。因为他在最后一场竞选演说时，身穿赛车服驾着越野摩托车，几乎是飞跃上台。他立定摩托，脱下头盔，闪亮登场。那刻全场欢呼，沸腾。这是在推销自己的胆识、魄力与精力。

《三国演义》中有一段"三顾茅庐"，讲隐居的诸葛亮，被求贤若渴的刘备真诚打动请出山的故事。那是古代的历史，现今社会就算你是诸葛亮，但你不懂得推销自己，恐怕也不会有刘备发现到你。你就算是条真龙，也只能卧着，真正的成了条卧龙。

其实，人天生就是推销员，婴儿饿了的时候，用哭声来告诉妈妈，我饿了，就可以得到奶水。当婴儿尿了的时候，同样用哭声来推销自己，我需要帮助，妈妈同样以孩子肚子饿的方式去理解。最终婴儿不会吃，反抗，然后大哭，直到得到正确的帮助为止。这种销售叫以绩效为目的。

今天的大学毕业生，自谋职业，是否能找到自己理想的位置，也要看对自己的推销能力。无论是人才市场，还是在媒体或者网上谋职。首先把自己当成商品，学历是你的商标，标有国家级商标，省级商标和地方商标，你理想中的收入要求就是你对自己这个商品的定价。也就是说，你自己应该值多少钱，其实关键是能否找到好的买主。有经验的用人单位，现在真的不太在意你的商标，他们要看你的想法，还有你对待工作的态度和工作能力。在这种双向选择的前提下，双方都得懂得推销自己的重要性。

再谈一谈产品销售。一个产品不管有多好，它在研发和生产环节，并不产生利润，只是注入成本。销售才是产生利润的环节。市场经济的特点是市场繁荣，商品丰富，供大于求的买方市场。产品质量越来越好，同类产品中的质量差距也就越来越小。可以这样讲，好产品真的不缺，短缺都是暂时的。谁能获得消费者的认可，尽可能地占据市场份额，是企事业发展的关键。由此，高水平的销售人员越来越珍贵，身价也不同凡响。合理地去理解这种现实，正是他们才使得商品的价值和利润得以体现。

个人创业先学销售。如果建立实体企业，不论大小都涉及投资问题。一般常人如果没有积累过程是很难做到的。万一有人帮你做到，就更加危险。当投资超出了你自己的能力，一旦闪失就无力回天。没有人告诉你，做什么生意是肯定赚钱的。凡事都有双向性，成功或失败，这就是投资风险。2008 年一份调查报告得出这样一个结果——中国中小企业的平均寿命是 2.9 年。五年过去，倒掉的企业不计其数。这不仅是企业的问题，也大大地浪费了社会资源。

有一本书《学习的革命》中提到，到 2012 年用于生产的人只需 2%，就可以满足社会上需要的产品。这是科技发展的必然结果，销售会变得更加重要。从事销售，几乎不需要多少投资，风险又小，还可以根据自己的特长爱好去发挥。销售的空间大，还可以尽情地发挥自己的潜力。

一般的营销人员会认为，产品质量和价格是销售业绩好与不好的关键。这种观点是普遍存在的错误认识。如果成立，应该用同等价格卖同一种产品，大家卖的数量一样才对。事实相差甚远，没有卖不出去的产品，只有卖不出去产品的销售员。只要产品的性价比合理，价格真的不是问题，所以销售的关键点就是买卖双方均能得到各自的利益。

我的老师是中国著名经济学家——茅于轼先生，他在上海交通大学演讲时提到：财富的创造，要从人与人的利害关系来探讨。自己跟别人的关系，按照有利有害可以分成四种情况：利人利己，损人利己，损己利人和损人损己，也可以把它画成 2×2 的矩阵来表示，也就是说人与人的关系无非就这四种，再提不出更多的来了。别看经济学的书都很厚，如果把这点透彻掌握了，那经济学就掌握一半了。举例来说，如果养鸡户养了一批母鸡，等鸡下了蛋，他把鸡蛋卖给了批发商，这样双方都是有利益。那就是财富的创造。

所以作为一个销售人员，必须找到自己产品利人利己的那点，这也是成交的关键点。利人利己不仅是事业的前提，也是永续发展的保障。

当然，销售也有很多种有效的方式。常用的有：故事营销，感动营销，价值营销，信任营销，教育营销，会议营销，顾客营销，概念销售，参照式销售。

销售几乎是世上最快乐的事情，从中可以获得与人相处的阅历，丰富自己，也可以得到足够的成就感和满足感。可以让你的智慧大放光芒，更可以得到人脉和财富。

有一天，两个美国人突发奇想，想到了出售月球上的土地。于是注册了公司，在各种媒体上广泛宣传，并制作精美的地产所有权的证书以及细则，如所在位置、概况等逐一完善。并制定价格为一百美金 0.1 平方米。仔细想一下，0.1 平方米的面积还没有证书大。

不想都知道，自己永远也没机会去看一眼属于自己的那块土地。这只是一个概念。当时引起了一场轰动，多国媒体都不断报导这个事情。结局是，几乎所有的国家都有人买了一块土地，并且为此感到荣耀。那两个突发奇想的家伙，也赚了上千万美金，这就是一种概念营销。

在一个刚刚经济繁荣的地区，街面上出现了一家山地自行车专卖店。店里的山地车又多又漂亮，款式新颖，当地人从来没见过。虽然价格昂贵只有少数有钱人在买，但所有的人都去看，成了当时的一道风景和话题。三个月后，在这条街的另一端又出现了一家自行车店，所卖之车，款式种类几乎没有差别，但价钱却便宜很多。于是，生意非常火爆，当地人几乎在抢购，生怕价格上涨或自己买不到。经营了三年，那家高价店，还在那里开着，只有人去看，去比，没有人去买。按说老板该赔哭了，但天天在笑。因为两家店都是他开的。他的手段是自定标准，参照式营销。

再给大家讲一个故事，一位农村妇女，在不属于菜市场的路边，卖辣椒。她的辣椒大小不一，参差不齐，人们反倒感觉像是自己家小院种的，一定更绿色，更天然。每当买辣椒的人问，辣不辣的时候，她就说：长的不辣，短的辣；人们把长的买走，只剩下了短的。又有人问时，她又说：粗的不辣，细的辣；当只剩下细的时候，她又告诉人家，颜色深的辣，颜色浅的不辣。最后只剩下一些外形几乎一样的辣椒时，她又告诉人家，辣椒都是前边不辣后边有点辣，太辣吃不下，不辣又不好吃。辣椒比其他青菜好吃的原因，就是又辣又不辣。

如果我把更多有趣的销售故事讲给你听，一定会让你大开眼界，真正体会到销售是一种快乐。快乐行销是一种境界，一种满足，更

145

是一种享受。它能充分发挥人的潜能，获得足够的成就感。要做到这些并不难，但必须经过专业训练。高技术含量的营销是哲学、心理学、行为学等多门学科综合运用的实战技术。

如果你拥有自己的企业，希望越做越好，你一定要学习营销；如果你是团队领袖，带领着一群人在事业上拼搏奋斗，你一定要学习营销；如果你是销售领域的一员，要想出人头地，你一定要学习营销；如果你想创业，又缺乏资本，那就马上来学习营销。

人脉：善用传播的力量

魅力演讲与传播

有的厨子，煮了一辈子菜就是煮不好吃；有的理发师，剪了一辈子头发就是剪不好看；有的人，说了一辈子的话，就是说不中听。会，很容易。好，就得用点心了，需要学习和培养。讲话是一生中用到最多的基本技能。在商业，政治，人与人交往等所有方面都起着至关重要的作用。它决定着一个人的受欢迎程度，在人们心目中的位置，影响对自己能力的判定与宣传力、领导力以及财富的获得。讲话在彼此间的交往中，既能建立友谊也能树敌。第一印象，大多数都是由讲话留下的，而往往没有第二次机会来改变第一印象。

谈恋爱，谈判，谈合作，两国领导人会晤，公开讲话，接受采访，请示汇报等都离不开讲话。语言的力量大得惊人，它也是创业者开启财富大门的一把钥匙。

在我们身边有很多滔滔不绝爱讲话的人，平常话很多，一到关键时刻，却什么也讲不出来。哪怕一句开场白，一句祝福的话，都会语无伦次。或许可以这样说，真正口才好的人，大脑里的语言素材，

我的人生我做主

亲身经历也已积累得足够多,并通过不断反复练习,关键时候不卡壳。一是真的有货,二是嘴巴不卡壳。

一个住在偏远山区的人来到城里亲戚家,他发现水龙头打开就有水流出来,什么时候打开都有水,好像永远用不完。他想起自己家前的那口井,实在太不方便了。如果家里也有了自来水那该多好。临走前,他问了亲戚这个水龙头在哪里能买到。亲戚告诉他,于是他跑去买了一个一模一样的水龙头。到家之后迅速地把它安在墙上,打开时却很失望,因为一滴水也没有流出来。这个故事很有趣,道理也非常简单,水龙头有没有水流出来的原因是有没有接通自来水水管,而不在于水龙头。就像人的语言一样,大脑中没有素材只会张口无言。要说有"口才"还不如说是有"脑才"。

台湾能言善辩的大师李敖,在一次演讲过程中,台下有人写纸条现场提问题。有一个对手,在纸条上写上"王八蛋"三个字来骂他。他站在台上,手拿纸条,很幽默地讲道:"这里有一个王先生,只把自己的名字写上但是没提问题,请问王八蛋先生在哪里,你有什么问题?"在场的所有人恍然大悟,同时对李敖的智慧给予热烈的掌声。

精彩即兴的讲话,往往给人留下挥之不去的深刻印象。以问制问,变被动为主动的回答方式,往往创出无限经典的片断。

在一次联欢会上,有人就出场费的问题,突然向"小品王"赵本山发难。

女观众:"听说现在你在全国笑星中,出场费最高,一场好几万,是吗?"

赵本山:"你的问题很突然,请问你是哪个单位的?"

女观众:"我是大连电器经销公司的。"

赵本山："你们经营什么产品？"

女观众："有电视机、录音机、录像机……"

赵本山："你一台录像机卖多少钱？"

女观众："至少四千元。"

赵本山："那人家给你四百元你卖吗？"

女观众："不能卖，性能品牌不是那个价呀。"

赵本山："那不就结了。"

主持人："本山大叔，您吹拉弹唱无所不通，拍电视剧是自编自导自演，样样在行，今天，本山大叔还有什么才艺给大家展示一下？"

赵本山："还要展示才艺？再展示我就当主持人抢你饭碗了。"

　　赵本山说完，观众报以热烈的掌声。他以攻为守，心态平和，没有过于贬损对方，但机智地化解了尴尬，这就是语言的艺术。

　　这种本领，主要来自于后天的培养，并非先天。有人说自己先天不善于讲话，学也学不会，这完全是错误的。其实，凡事都是通过不断地学习培养而变得简单的。拿我自己来说，先天不爱讲话，尤其遇到陌生人，常常会一言不发。而且在人多的场合爱溜边。了解我的朋友都知道，我是不爱说话。做了十二年的销售工作，刚进入这行业我就喜欢上了培训。我对有哲理的故事启思以及笑话非常感兴趣。在众多人称赞下，我越讲越爱讲，很快走上了讲台，就像找到了自己的归宿一样，热爱且离不开。朋友们都说我有极端的双向性格，超沉稳和超活跃，在台上台下简直是两个人。我十几年来到过很多地方，逛图书馆是我最大的爱好。看到有用之处就能记住。我看书的速度很快，并可以准确提炼出自己喜欢的、有感受的精彩

我的人生我做主

部分放入大脑里的资料库。在以后的培训和演讲中，一个主题就是打开资料库的一把钥匙，会迅速跳出无限的素材，只需要大脑一秒的整理就可以精彩呈现。

在这里，我是总结自己和无数个演讲家或培训师的成长历程，真诚地告诉大家，只要你相信，用心学习，将会得到无限惊喜。当舞台越来越大，无数人告诉你他们需要你，感谢你的时候，你会感受到生命的意义和人生的精彩。要做一个对人有帮助的人，是满足和踏实的，正如："施比受要有意义。"

成大器，必备领导力

在中国，龙是领袖精神的象征。祖先把多种动物的精华组合在一起变成一条龙。分别是：鹿的角，马的头，牛的眼，蛇的身，穿山甲的壳，鱼的翅，鸡的腿，鹰的爪。同时，龙是皇帝的象征。换句话说，领袖就是要把资源组织起来变成生产力。就像今天的企业家把人才培养起来，把时间利用起来创造价值。

三国时期的刘备，胸怀大志偶遇关羽和张飞，并把他们留在身边。又组织乡士，招兵买马，后又请出诸葛亮为军师，收赵云为四弟。在不断地整合扩张后，终于奠定了三分天下的局面。看刘备本人文不如孔明，武不敌关张赵等众多将领，然而最终成为一国之君，这就叫人物。人才，是天生我才别人用；人物，是"天下人才我来用"。只因为他具有超强的资源整合能力和领导能力。

安德鲁·卡耐基被称为钢铁大王，他成功的原因在哪里？

实际上他对钢铁的制造过程懂得很少，他手下的好几百人对钢铁都比他内行。但是他知道怎么样与人相处，这才是他成功的原因。

小时候有一次他抓了一只母兔，接着很快就发现了一群小兔子，那时并没有食物喂养它们。他想出了一个很妙的法子——他对邻家孩子说，如果你们能找到足够的苜蓿和蒲公英喂饱这些兔子的话，就可以以你们的名字命名这些兔子。孩子们果然找来了足够的食物。

那件事情，令卡耐基一直不能忘怀。多年后他在商界用了同样的方法赚了好几百万美元，以至后来成为世界钢铁大王。

卡耐基之所以有这种惊人成就的理由就是他懂得吸纳整合及激励人才。他常说："我认为能够把员工的士气激励出来是我所拥有的最大资产，而使一个人发挥最大的能力的方法是赞赏和鼓励。"卡耐基甚至在他的墓碑上都要称赞自己的员工。他为自己写了一句碑文："埋葬在这里的是一位知道选用比他本人能力更强的人来为他工作的人。"有智慧的领导让属下的潜力发挥到极致，从而整体士气扩大，同时各有所得，人才才不愿意离去。

领导力主要包括两个方面：人力资源的整合能力和确定目标、引领团队的能力。

任何领导人都有自己或大或小的团队，团队层次可分为三种：三流团队：领导拼命干，大家站着看；二流团队：领导带头干，大家跟着干；一流团队：领导指方向，大家拼命干。

领导力不仅是一种才华，也是一种艺术，更重要的它是做人的体现。做事先做人，人正确了，这个世界也就正确了。

人生：在生活中丰富

父母是我的第一任老师，四十二年前我出生在一个清贫而温馨的家庭，我在家里排名老七，有一个大哥，五个姐姐。生活其乐融融，因为我们快乐，我们团结，常常被邻居和亲友们称赞。原因是我们家的七个孩子关系都比较复杂，当中包括同父同母，同母异父，同父异母，异父异母的关系。即使关系复杂，我们也都能够做到相亲相爱，可以说我们是在亲情的关爱下长大。2006年是父母结婚五十周年，他们叙述往事，曾经卖血过年，曾经拆掉自己的棉袄给孩子做了小棉袄。

小时候，哥哥姐姐讲起了小时候的故事，听到后，我更加懂得了什么叫家长，什么叫榜样。

从1990年参加工作，到1993年下海经商，1996年遇到挫折，1997年的正确抉择。十六年的商海拼搏，浪里浪尖让我充分体会到了什么叫辉煌，什么叫坚强。更有幸的是十多年来，接触到了无数个国内、国外的优秀企业家及商界领袖。在与他们的相处和交流之间，感悟到了人生真正的意义在于奉献。在他们行为中，我充分地体会到取之于社会用之于社会这个道理。从2007年至今，我们六百多位内地及港、澳、台的优秀企业家共同分享创业经验、经济趋势和发展分析、营销手段、管理经验、人力资源等多方面的内容。

每一个人都有着不平凡的故事，人人都是独特的。在我的朋友之间我为他们创建网络平台。他们在这里扩大人脉，交流资讯和经验，也有很多办起了南北方加盟合作，找到了许多商机，商业信息要及时不能闭塞，资讯才能传播。

结尾：简单是经典的精彩

简单是一种精彩。

一部电影中，男女主人公感情纠葛曲曲折折，多次相聚又分开，遇到一次突发事件，在生死之间上演令人感动的情境，过后，是影片的结尾，导演让男女主人公从两个方向迎面跑来，自由发挥相聚时的场面。他们设计了各种奔跑，如拥抱、痛哭等场景。拍了一次又一次，导演始终感到不满意。原因是这些情境都不能表达他想要的结果。天色已晚，导演只说了一声："不拍了！"就气愤地走了。后来，副导演对两个男女演员讲："你们现在都很疲惫，我们最后再拍一次，开始！"男女演员相对而立，只离几步远，无力地看着对方，慢慢移着疲惫的双脚，来到了对方面前。他们面对面，男主角轻轻地摇了摇头拉住女主角的手，无力地说了一句"我们回家吧"。女主角什么也没说，热泪涌出，咬住下唇点点头。接着牵手，转身，离去的背影。

第二天，导演打开拍摄记录，看了这一段，大声喊道："好，我要的就是这种结果。"

这是一部奥斯卡获奖影片的结尾，给人们留下了太多的遐想。其实简单就是一种精彩。在深圳做期货时，我看到一篇报导，世界前十位，稳步上升的企业中包括：麦当劳，可口可乐，迪尼斯公司，三家企业的特点就是简单。麦当劳凭永远不变的汉堡和薯条；可口可乐凭的是口味和颜色永远不变的饮料；迪斯尼的发展永远围绕着那只米老鼠。

在全世界广为流传，唱的人数最多的歌曲是《生日快乐》，而且永唱不厌。它简单到了只有一句歌词。人的一生，是不断累积又不断扩散的过程。例如，我们不断地累积财富、经历及人脉。同时也不断地失去青春、健康及亲人。得就是失，失也在得。短短几十年，人生何必背上沉重的包袱？

我们的大脑就像衣柜一样，陈旧的东西占据了我们思考的空间。现在就该马上动手打开衣柜丢掉那些陈旧、没有价值的东西。也让我们放下偏见、固执以及恩怨。给生命留下一片清新，让自己快乐地生活。这种简单也会是精彩。

　　人生要学会减法，学习让自己变得简单，那是真正的智慧。不必精明，不必聪明，只要高明。

附：李长军先生的 DISCUS 性格分析报告

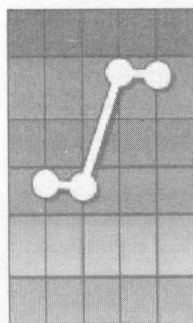
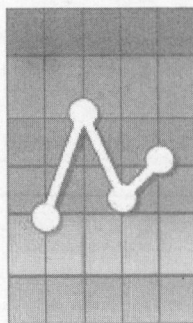
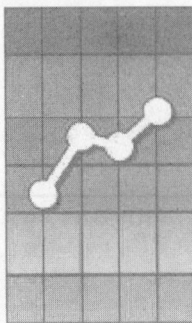
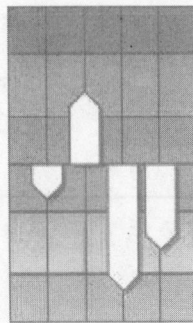

DISC　　　　DISC　　　　DISC　　　　DISC

内在分析表

内在分析表的最高点，代表着你最自然真实的内在动机和欲求。这种行为之所以常在你处于压力时显现，是因为你没有"空间"或时间调整行为。

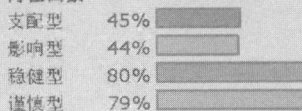

内在因素
支配型　45%
影响型　44%
稳健型　80%
谨慎型　79%

外在分析表

外在分析表描述应试者认为自己应呈现的理想行为。这种图形通常代表个人试图在工作中采用的行为类型。

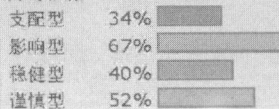

外部因素
支配型　34%
影响型　67%
稳健型　40%
谨慎型　52%

总结分析表

真实世界里，应试者通常会表现出与内在分析表（直觉行为）及外在分析表（视现状调整的行为），这两种分析表一致的行为。总结分析表是这两种描述个人正常行为图形的综合。

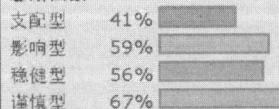

总结因素
支配型　41%
影响型　59%
稳健型　56%
谨慎型　67%

转换模式

转换模式图形显示应试者的内在和外在分析表之间的改变，并凸显应试者正在进行的性格调整。

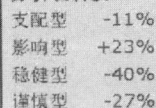

分析表转换
支配型　-11%
影响型　+23%
稳健型　-40%
谨慎型　-27%

长军个性独立自主，敢想敢闯，性格强势，同时具要有创意十足、喜欢冒险的人生态度。天生具有指挥他人的性格，必须时可以掌控大局。长军作风活跃，通常会主动出击，而非等待他人行动，充满活力而活跃，善于把握时机。

尽管个性强势，但与人交往时，他乐于分享自己的想法和观点，事实上长军在生活上具有很高的敏锐度，能够抓到某些感觉，同时传递给他人，但这种传递并不会强加于人或追求戏剧化效果。他倾向于平实地表达自我，使他人自然领悟。

这种对事与对人具有互补差异的行为作风，使长军形成了自己独特的竞争优势。

长军喜欢快速作出决定，但同时会预留空间以便应付形势的需要加以修正。他会喜欢将计划中的细节交给更有耐性及精确性的人去做。当必要时，他便会拿出魄力来确保一旦计划出来，就能够在执行上跟进并达成。虽然他了解有的时候像这样的规划是不可避免的，他仍然喜欢不去管硬邦邦的规定限制。相反的，他比较喜欢凭他自己的直觉去应对那些发生的状况，并凭借自己的敏锐度顺利过关。

长军拥有主见和动力，能成为一位高效的领导。他通常会负责宏观整体，而将细节交给他的团队来完成。这表示他能迅速地指派工作，而且采用一种留有足够空间，只是平实描述所要之结果的管理方式，来管控绩效。

克己耐人非我弱，忠心受道任他强

林俊杰

（全球免费店开发行业先锋）

编者按：俊杰的朝气蓬勃，真的让我们这些人羡慕不已。初生之犊不畏虎，自信让他无畏无惧。和他在一起，总能感觉到快乐。大家笑称他为"红歌星林俊杰"，他就真的清唱了一段《江南》，尽管唱得七扭八拐，大家还是觉得这是值得分享的快乐时光。不过他最爱的绰号却是"世界最强男人"，还说即使将来登上《时代》杂志的封面，也会要求用这绰号来做标题、他还畅想这篇报道的第一句话应该是这样写："林俊杰是一位机会主义者，由一步一步过去的积累，成就今日事业的辉煌！"

说实话，开始我们也很担心年轻的他，是否能写出有思想有内容有意义的文章。但是拿到稿子之后，我真的感到惭愧，不可以小瞧年轻人，也不可小瞧这些装扮时尚的"潮"人。桀骜不驯的外表，不代表他们一定内心空虚，一定眼高于顶。他们也认真地对待着自己的人生，认真地体味着生活，并且对此充满憧憬。林俊杰，世界最强男人，带给我们全新的冲击——这就是梦想的力量。

我的人生我做主

祖训：爷爷的教诲

"克己耐人非我弱，忠心守道任他强！"这是我们林家的祖训。

自小我生活在香港的围村，是本地原住居民。林村是一个香港出了名的旅游胜地，因为当地有一个好特别的名胜——许愿树。大家可能经常可以在一些电视剧或电影里看到它的身影。它代表了人与人之间最朴实的情感，也代表了我们村里淳朴勤劳的传统观念。由小到大，我就是生活在这么一个充满传统文化色彩的地方，整个村子就像是一个大家庭，许愿树就是大家长。用句俗语来讲就是："很多人看着我长大"。

长辈说我小时候是一个什么话都不说的自闭小孩，又很喜欢哭。小时候顽皮，经常独自一个人去村里的游乐场玩耍。这个游乐场是附近几个村小朋友的乐土。但是由于我总是自己一个人去，年纪小个子小，那些大一点的邻村小孩总是成群结队地来欺负我。如果碰巧有同村的小伙伴在，他们会来帮我说话，邻村小霸王们便有所忌惮。但一旦落单，就免不了要哭着回家。尽管如此，我还是喜欢自己一个人去那里玩，于是常常泪水挂满一脸委屈地在落日余晖中奔回家中。

每当此时，我深深地记得，爷爷便会轻抚我那小小的头，告诉我这一个祖训……这是我童年记忆中永不可磨灭的印记。

随着时间自己慢慢长大，爷爷也敌不过岁月的催逼而离我远走到宁静的天国，而他给我的教诲却不会因为他的离去而淡去。他语重心长的教诲深埋在我心中。

在漫长的成长过程里，接触越来越多的人，小时候不多话、爱哭鬼的性格竟然得到改善，开始变得很外向。如果要细究其中的原因，我想我的初衷只是懂事之后，开始考虑家人的感受，不想他们为我担忧。想令身边的人开心，于是强装出一副很强大很快乐，不被人欺负的样子。渐渐地，我的自信竟然真的被培养出来。我想有一些力量和快乐，如果你投入其中真的相信它存在，它便真的存在。在学生时代，我变得很多话，也变得很喜欢交朋友。很多同学会因为我多话、幽默而常常跟我一起。无可否认，我很爱出风头。专注加上天生的运动能力，在初二的时候已经是学校的篮球队长兼田径队长。不只拿下学校的各个奖牌，在校外也不差——甚至有一年进入香港运动界排名榜！我在运动场上的表现，是我自信的来源之一。我深知也许有些同学会嫌我话唠，甚至觉得我滑稽。加上年少轻狂，也真的引至一些同学的反感。幸好我及时察觉到，反省享受自己的时候都要去顾及别人的感受。同时我也清楚不可能让所有人都喜欢自己。

始终真诚地常怀善意，忠于自己、发挥属于自己的优势，是成功的第一步，亦是开始的第一步。

表演：从舞者到经营

读完书，因为很喜欢跳舞，于是到一家舞蹈学校学跳舞，那学校常常会接一些演唱会表演的工作。碰上舞蹈艺员青黄不接，就开始在我们一班新丁中选秀。凭着一点点的运动才能，我幸运地被选上。于是跳了我人生的第一次演唱会。之后因为一个在国内当模特儿的好朋友严乙恩（他现在台湾拍台剧，请大家要多多留意这超新星）的关系，我也开始在国内接一些表演秀来做，以兴趣做谋生，一直练到自己能歌善舞。那时经常会接一些时装表演秀的开场和结尾的工作，因而认识很多时装店的老板，常常也讨论起对时装走势的判断等。当时有一个时装店的老板就问我跟我的好友，说："两个小伙子！我准备在东莞的莞城开一间新的分店，我十分欣赏你们，想试一下由香港的小伙子来管理我的店铺会怎么样！"就这样，我开始了我人生的第一次生意。店铺开张那天，我的朋友从四方八面到贺。从我性格变得外向开始，我的人际关系网越织越大。我最大的优点是不以贵贱论友，无论是普通人还是上流社会的人都能与我平和交往。这是我最值得自豪的，他们身上都有值得我敬重的闪光点，每一个人都是我的朋友。人际资源是当今世上最值钱的无形资产。当时开幕只是靠朋友给面子生意都已经稳定了，我甚至没有所谓积累客源的漫长过程！但没有料到的是，开店一个多月就遇到SARS，人流如梭的莞城顿成空城。人生第一次的生意失败就此被决定。我有一个朋友Jack跟我说："我们每一个创业者都有的心理通病，就是你以为自己有非常周详的全盘计划，已经把事情想得十全十美，但往往好胜心会使我们心思不够细密。如果你能创立一个生意，并且计算在金融海啸、天灾人祸中都持续能赚钱的话，你这个创业计划便万无一失了。"他还跟我打趣说："你在最坏的情况下，把公司结业掉，将你的故事写成自传卖给出版社就能够赚钱啦！"

　　事情没有绝对的好与坏！乐观的人发明直升机，悲观的人发明降落伞！

魔术：哥哥教我成功之道

　　我的人生比很多人都要特别得多，其中一个原因是，我哥哥是一名职业魔术师。他叫林卓杰，行内人都叫他英文名Michael Lam。

159

他早在 2002 年就已赢得了全香港公开魔术比赛冠军，其后在内地、上海、日本等地也屡获殊荣。他曾为多所企业、专业团体、本港及国内著名大学、中学、青年中心、成人院校等开办魔术课程、讲座及工作坊，并多次获日本、大陆和香港的电影节目、魔术大会邀请为表演嘉宾。而且，他更是全香港第一人，也是唯一一个被美国好莱坞魔术城堡邀请担任近景魔术表演的魔术师。从小到大，在我这个充满着魔术感的哥哥身边，我学到了很多很多不同的事情。

我记得哥哥的魔术之路，源自妈妈的一次无心插柳。妈妈偶然去逛百货公司，无意中买了一套魔术道具送给哥哥。我摆弄一下凑凑热闹，很快就对它失去兴趣，但哥哥却是爱不释手。每天一早，我起床的时候就已经看见我哥在镜子面前醉心地练习他的魔术，等到我出去玩耍了一整天，傍晚回到家里时还是见他在练同一个技巧。

一个我看起来没什么了不起的手法或技巧，哥哥都会重复又重复地练习，直至他认为已没有能改良的空间为止。有一次，妈妈叫我们去饭厅吃午饭，哥哥说："等等，再多练两次就来。"结果，不知不觉到了晚饭时间，他才"出关"。为此，妈妈罚他连晚饭也不许吃，他就真的不吃！有人说"台上一分钟，台下十年功"，那么小的时候，我们都没听过这句话。但哥哥已经懂得这个道理，可能是源于天生性格的关系吧。换作是我，每次妈妈罚不准吃饭的时候，当然都是千方百计偷吃啦！

正是哥哥这种专注和坚持，让他得以在专业技巧上出类拔萃。也让我相信，只要肯努力肯付出，一定可以达成自己的梦想。

互补：我与哥哥各有所长

性格改变命运，调适决定人生。

有一年冬天，妈妈带我和哥哥去玩具店，跟我们说："你们可以各自选购一份你们最心爱的圣诞节礼物，但只可以选一份你们觉得最想要的！"我和哥哥立刻满心欢喜地在店内到处跑，想找到一份最喜爱的玩具！哥哥拿起一样，看看，放下了。拿起一样，看看，又放下了。就这样，两手一直空空——他认为，要找就一定要找到自己最想要的，否则宁愿不要。我却不消一会儿，两手已捧着满满的玩具，样样都不愿割舍！

妈妈见哥哥两手空空的，对我们说："还没选好啊？如果没有选到的话就留待下一次有机会再来买吧！"哥哥没有丝毫犹豫，马上就举双手赞成，全心留待下一次机会。而我就不肯舍弃怀中满满的玩具，一个都不愿意放弃，一直嚷着我妈妈说要买下我手中所有的玩具！

妈妈跟我说："如果这次还未选好的话，下次再带你过来买吧。"

我十分激动地拉着妈妈撒娇说："不行啊！妈妈！这次不买的话，你下一次不带我来怎么办？我一定要这次买下一件玩具！"

最后我买了一个可以对战的棋盘，其实在做了决定的那一刻，已经开始后悔，觉得未必是最好的选择。但回家玩时又慢慢感兴趣起来，哥哥也常常陪我玩呢！这件事让我记忆深刻，自己学到的是：很多时候我们的选择是不理智的，但也需要按情况而当机立断，不要错失任何机会！你看，哥哥最后不也很喜欢玩那个棋盘游戏吗？

有一位好朋友王天洛，每当我想去投资艺术发展或生意不如意的时候，都会关心我说："还没尝试够吗，是时候脚踏实地做回个正常人了！"我知道他这样说，是怀着好意的。但如果当天我接受了这位朋友的好意，现在过着的，就会是我自己最厌烦的刻板生活。可能在余生，我都会不断地问自己：我的人生应该就是这样的吗？

世间的人有各式各样不同的性格，而我就觉得人生就算只有一刻灿烂，也不要一生平淡！每一个觉得有可为的机会，我都告诉自己不要错失，每一次机遇，我都会尽全力去做，为求尽善尽美！就算自己拼尽了此生，最后跌至遍体鳞伤，我也心甘情愿，最起码我在自己的生命当中有尝试过！

想法影响世界，想法创造无限！

积极制造机会，奇迹自然发生！

我小时候是一个说话不多、还有点内向的小孩。在一次很偶然的机会下，我偷学了哥哥的一个魔术：学会把一张扑克牌或一张卡片变得无影无踪！那时我觉得世界真的非常奇妙！原来我也能够学会魔术！这个魔术最大的效果就是改变了我，现在的我会主动和别人说话，人际关系良好，到处都是我的好朋友。虽然我已很少表演那个魔术了，但成功变出那么多好朋友，魔术相当奇妙！

我有时候会跟哥哥一起去演出，帮忙把他的演出片段录下来。每次哥哥表演结束后，客户都非常欣赏！他们的欣赏甚至到了一种敬畏的程度，不太敢和他正面交谈，有的甚至以为他用了像是《哈利·波特》小说中的魔法，也有人说他是外星人才能做得那么神奇。不管是什么公司的总裁、身经百战的著名导演、歌手、演员、名人等等，凡看过哥哥的魔术都会对他肃然起敬，拍案叫绝。

哥哥表演魔术的功力，是毋庸置疑的。而且，他能说几种流利的语言：普通话（竟然比常常身在大陆工作的我更流利）、广东话、英文和日文！他这些太多太多的才能，都是让他成功的元素。可是，跟他去演出多了，我发现哥哥对他的客户都很被动，所有的客户都是在亲身体验到哥哥奇幻莫测的魔术后才真正开始对他感兴趣的。

我终于明白，是艺术家的脾性，让他没有积极地去为自己争取

我的人生我做主

更多更多的机会，很多时候机会就在眼前，但一瞬间它就溜走了！就像他教过我变走扑克牌一般，一眨眼的时间，机会就消失得无影无踪。连魔术师都把握不住的机会，是否真那么难以争取呢？你们觉得呢？

前面我说过性格改变命运，改变性格，就能改变命运。同时，我也深知"江山易改，本性难移"的道理，要改变长年累月以来形成的性格是困难的。但若能对症下药，针对问题的重点来构思对策，或请不同性格的人来帮忙，互相好好合作，做任何事也就都能事半功倍了。就如我的魔术师哥哥，他如能像我一样更积极地去争取机会，恰当地去调适那艺术家的自我，或请一个称职的经理人，那么，在别人还未有机会看到我哥哥精彩的表演前，他们就已掌声如雷地期待着欣赏了！所以我常常会跟我哥哥计划怎么样适当地调适我俩的性格特质，如果我俩能够好好配合在艺术上发展，简直可以所向披靡。

这样，我觉得才是真真正正的魔术！

最近和哥哥闲聊时，发现原来很多魔术上应用的神奇技巧，如果再加上我在表演方面的经验，其实很适合应用在开拓生意、人际关系、教学、推销等等实际的课题上，让其成效变得事半功倍，就像魔术一般不可思议。日后有机会的话，我们再说说有关这方面的话题。

结尾：忠于自己的梦想

最后——我要在这里送上一份诚挚的感谢给养育我们几兄弟成长的爸爸，妈妈，还有一个家中之宝——奶奶（她今年已经九十三岁了，愿她可以过得健健康康，开开心心）。多谢家人这样支持我们发展自己的兴趣，可以令我们这样一路以来忠于自己的梦想。虽然走到最后不知道梦想会不会达成，但是追梦的过程正是我们人生最精彩的！

大家都要努力啊！

坚持自己的梦想，忠于自己走的路！

谢谢爸爸，妈妈，奶奶，还有大家！

附：林俊杰先生的 DISCUS 性格分析报告

| DISC | DISC | DISC | DISC |

内在分析表

内在分析表的最高点，代表着你最自然真实的内在动机和欲求。这种行为之所以常在你处于压力时显现，是因为你没有"空间"或时间调整行为。

内在因素

支配型	87%
影响型	49%
稳健型	34%
谨慎型	40%

外在分析表

外在分析表描述应试者认为自己应呈现的理想行为。这种图形通常代表个人试图在工作中采用的行为类型。

外部因素

支配型	87%
影响型	27%
稳健型	23%
谨慎型	22%

总结分析表

真实世界里，应试者通常会表现出与内在分析表（直觉行为）及外在分析表（视现状调整的行为），这两种分析表一致的行为。总结分析表是这两种描述个人正常行为图形的综合。

总结因素

支配型	85%
影响型	44%
稳健型	27%
谨慎型	31%

转换模式

转换模式图形显示应试者的内在和外在分析表之间的改变，并凸显应试者正在进行的性格调整。

分析表转换

支配型	0%
影响型	-22%
稳健型	-11%
谨慎型	-18%

165

俊杰非常享受战胜挑战的感觉，同时更希望可以保持个性的本真，并且相信自己独一无二的性格能成为力量的源泉。而这种自信的确会成就他的个性魅力。并且如此强烈，会令爱他的人以及恨他的人呈现出两极分化的趋势。爱之如烈火，恨之如烈火。

俊杰充满抱负，蔑视世俗评判，而更难能可贵的是，他拥有坚强的内心："走自己的路，让别人说去吧。"因此要打击他是一件很困难的事情。但他并不是没有脆弱的时候，一旦他发现局面不在他掌控能力内，就有可能会影响他的表现。所以充分了解整个情势会成为他的有效助力。

俊杰现阶段希望自己可以更独立地完成一些项目。他有着源源不断的创意、充沛的精力和极为快速的应变。如果有充足的空间，他的能量就会爆发出来，有惊人的表现。

在人际关系上，他可能会有一些困扰。他主观上希望拓展自己的人脉，并且尽力友善地对待别人。但可以看出，他的张扬也受到一些来自旁人的否定，他虽然不太在乎，但仍然会思考说是不是在某些场合需要收敛。毕竟，他还太年轻，对这个世界仍充满好奇和疑问。

开垦人生的田园地

陈丹苹

（香港记忆教育培训界资深导师）

编者按：丹苹是大家的宝贝，每次有事要通知各位作者，总是第一个打电话给她，她就会很主动地说："香港的朋友交给我，你们放心吧。"然后很快就可以收到她汇总过来的结果。我们笑说丹苹是除了刘德华以外的第二个香港杰出青年，热心勤俭，是当之无愧的劳模。

丹苹坚持跟我们说普通话，一开始真的很吃力，一边扑闪着大眼睛，一边努力地一个词一个词地蹦出来。大家调侃她是不是要先将粤语转成英语，然后再从英语转成普通话。听得辛苦，于是忍不住会提议她说粤语——大家都不用辛苦。她抱歉地说："我知道自己说得不好，但真的希望可以有更多机会练习普通话，请大家多多包涵。"这样执著的精神，真的让人感动。

后来渐渐地，她的普通话居然真的变得流利起来，发音比我们都准。她谦虚地说："原来就有底子在啦，我十一岁才来香港呢。"

就是这样率真的女子，原来也有细腻内秀的一面。字里行间的精致，倒不像勤劳上进的珠三角女性，多了几分江南女子的婉约。但文字并不是她主要的力量。她传递过来的力量源自于她的相信。她相信勤奋一定就会

成功，她相信人与人之间充满爱，她相信付出就是获得……她相信一切正面积极的观念，并且一直坚持着。

让我们祝福这位善良的女子，很快就可达成自己的梦想。

儿时：梦想做作家

在着手写这篇稿子、准备出书的时候，我脑中忽然闪现出小时候的梦想，当一名作家。时光飞逝，多少年过去了，那久违的梦想，忽然又从某个被遗忘的角落跳了出来。

交稿的日子迫在眉睫，我不得不在夜阑人静的时候暂时告别白天繁忙的工作和生活的烦扰，而对着计算机爬格子。本想借深夜的静谧来构思，一时间竟觉灵感枯竭，无从下笔。呷着花茶，屈指一算，天哪！从跨出校园的那一刻开始，自己这么多年来压根儿就没有试过用中文好好地书写过。我不禁笑问自己还想不想当作家。

我没有回答自己内心的提问，可思绪已不由自主地飘到了小学时代。我记得有一次作文，题目是"我的志愿"。那篇作文，我表达了长大后要当作家的愿望。

刚念小学的时候，我的成绩不好，特别是数学。小学一年级的第一次数学测验，我至今仍然清楚地记得我只考了二十分。当时同桌的同学是我的邻居，她拿了满分。二十分这个数字对于当时那个少不懂事的我来说，压根儿就不当做是怎么一回事。可是，我一回到家里，大人、左邻右里就拿二十分与一百分来比较一番。他们说着说着，我不知道为什么一时受不了，跟着就哭了起来。什么叫自卑感，我就是从那个时候开始尝到的。

自卑感从此跟着我走了好几年，一直到了小学四五年级，在我凭作文成绩开始崭露头角的时候才慢慢褪去。也许是老师潜移默化的熏陶，我从小学四五年级开始，便对语言文字有一份热爱之情，而我的作文也渐显突出。往往是这样的一些时刻最使我乐在学习当中：课堂上，老师教了生字，然后立即要求我们用刚刚学会的生字来造句子，此刻，我总是迫不及待地抢着第一个举手，然后不慌不忙地站起来，神气地念出构思好的句子，跟着，就是老师的一阵赞赏和同学们的点头认同；还有，当老师派发已批改好的作文给我们的时候，我总是莫名地期待着老师会把我的文章念出来给全班同学听。而在老师真的念了出来，那刻的我又引来同学们不少赞许的目光。

上了中学，我开始投稿。那时候我常把个人作品投去某日报的学生园地以及另一家报馆的副刊。每当我收到稿费后去银行取款都满心欢喜。"是稿费啊，小妹妹！"银行职员一边帮我提钱，一边对着我说，目光尽是欣赏之情。

上中学的时候，我开始迷上琼瑶、亦舒的爱情小说。她们的爱情故事中的纯情、浪漫深深地打动了我的少女情怀。有一次，我偷偷地写了一篇短篇爱情小说，完成后并不觉得怎样，但是仍然怀着忐忑的心拿去投稿。没多久，我竟然收到稿费，那时候我才知道作品已经被刊登了出来，我喜出望外。我开始问自己将来是不是也要当爱情小说家。亦舒、琼瑶作品风格迥异，但故事同样令人回肠荡气。如果我也写爱情小说，那我的风格又与她们有什么不同呢？那时候的我偶然也想着这个定位的问题。

上世纪九十年代，信息科技一日千里，互联网已成为全球趋势。在大学的最后一年，我决定毕业后投身信息科技行业，赶上潮流。有一天晚上，我想着自己的前途，忽然想起小时候的梦想是要当一名作家。那一刻我渴望为儿时的梦想涂上一点儿色彩，所以我决定参加"青年文学奖"。我告诉自己日后当不当作家已经不重要，重要的是以后当我回忆这段日子时，我会感到无憾。在香港，"青年文学奖"每年举办一次，评审都是文坛、文化界的知名作家和学者。比赛结果揭晓，我拿了个优异奖。虽然我三甲未入，但在高手云集的比赛中，我认为对自己已经有所交代了。我怀着无憾的心情离开了校园，走进了社会，走进了人生另一阶段。

在接下来的日子，如果我有更多生命的感动，我想我会结集成书，与世人分享真诚的点滴，因为"分享是最好的学习"。

移民：用英语获取信心

我十一岁的时候随妈妈移民到香港跟爸爸团聚，这是我人生的转折点。环境的改变，使我从一个傻乎乎、不怎么懂事的小女孩，逐渐变成一个独立、成熟的孩子。

初到香港，一切都要重新适应——语言、文化、生活环境、习惯等等。而我的首要任务就是必须立即学会照顾自己。白天爸爸妈妈都要上班，我每天都要自己做午饭，吃过午饭自己去上学，再留一点饭菜让妈妈中午下班回来吃。下午放学回家后，如果爸爸妈妈要加夜班，我还要做晚饭。以前我什么家务都不懂，而现在做饭、洗碗等等都成为我在家里的必修课。环境的变迁，使我不能再做从前那个百般依赖的小女孩了。那个年代我大部分同学的妈妈都是家庭主妇，有时候我真的十分羡慕他们，因为他们起居饮食，都有妈妈照顾。而我，偶然想和同伴到外面玩耍一下，却因要做饭而不能出去。我知道，爸爸妈妈努力工作，除了养家糊口之外，每月还要寄钱回老家给长辈，他们同时肩负着几个家庭的开销，担子也可真不轻。

　　当然，到了香港我还要面对的另一个困难就是学习英语。我从来没有学过，所以只能从 A、B、C 学起。可能出于恐惧，一开始我就不想学，所以都学不好。爸爸为我报了夜间补习班，我心中虽然有千万个不愿意，但面对严厉的父亲，我只能硬着头皮去上课。

　　一晃眼将近一年过去，有一天学校派发英语测验卷，没想到我竟然拿了全班最高分。我真有点不敢相信。虽然是全班最高分，但我认为自己只是幸运而已。不过，接下来的大大小小测验和考试，我几乎都拿了最高分。我开始相信自己，而且也越来越喜欢英语，念英语也更见用功。从此，我的英语总算念得不错，而我的求学道路整体而言也可谓一帆风顺。

　　我对英语，从害怕到喜欢，那是因为一个人——我的妈妈。刚开始学英语的时候，妈妈常常对我说："女儿呀，我从来都不担心你学英语会学得不好。学英语，就像学中文一样，都是语言嘛。你中文学得那么好，学英语也一样会学得好！"妈妈的话，令我在不知不觉间喜欢上了英语，跟着学习也逐渐变得轻松。我长大后阅读了拿破仑·希尔的《思考致富》，才真正明白妈妈的话其实就是一种积极暗示的力量。她的话对我的潜意识产生了很大的作用。我永远感激妈妈给我这个积极的暗示。妈妈只有小学四年级的学历，文化程度也不高，但她却能在当时几乎每一个人都不看好我的情况下，给我积极的暗示，给我莫大的鼓舞。

　　念中学的时候，为了减轻父母的经济负担，我兴起了当补习老师的念头。妈妈凭着她的人缘，在我们居住的大厦中，为我招徕了几个孩子，让我长期为他们补习。我长大后才暗暗佩服妈妈的行销能力：是妈妈平时乐于与左邻右里点头问好的性格特征使家长们纷纷把孩子送到我家来补习。妈妈是我最好的销售员。此后，在我的求学生涯中，我一直都坚持帮人补习来赚钱。放暑假的时候，我便跑去一些企业当暑期工。上世纪九十年代的时候，暑期工已经开始很难找到，然而我还是曾经很幸运地得到一家大型企业的聘请，工资还相当不错呢。我试过把七八千块，整个月的暑期工工资全部拿回家给妈妈。在当时我们不算充裕的环境中，对家计也算有些帮助。

小时候的成长过程中，除了妈妈外，另一个令我非常感激的人，就是我爸爸。爸爸长期订阅报纸、杂志回家给我看，从小就培养了我阅读的习惯。虽然家中经济条件不是很好，但爸爸从来没有吝啬这方面的开支。

对于父母，现在回想起来，我满怀感激。中学时代的我曾经渴望到外国留学但遭妈妈反对，因为家中经济条件并不好。我也因此而难过了好一阵子。然而，父母亲还是在他们的能力范围内，给了我最好的学习条件。"梦里依稀慈母泪"，此时此刻念及种种数不尽的亲恩，我也不禁热泪盈眶。

我常常想：移民来香港真是命运的安排。本来，爸爸是要移民到泰国的，后来因为身在泰国的祖父去世，爸爸几经波折，转而来了香港，而我们一家也先后跟随过来。有时候我会想：如果我当年去了泰国，那我现在会是什么模样呢？又或者我没有来香港而仍然留在中国内地，那现在的我又会怎样呢？无论如何，我经历了香港八十年代经济的快速起飞，也见证了九七回归祖国的感动。香港是我成长、扎根的地方，长于斯而爱斯，它算是和我结下了化不开的缘。

创业：愁绪满怀无释处

2000 年以前，信息科技、互联网行业十分兴旺，很多人纷纷投身这个行业。我一离开校园也随即加入这个在当时被视为吃香的领域里，希望为自己的事业闯出一条康庄大道。经过一番求职、面试，我很快便被一家中小型企业所聘请。

这是我毕业后的第一份工作，对我影响很深。我从对计算机知识一无所知，到后来与人合作创办计算机公司，都得益于这份工作的磨炼。

2000年的时候，信息科技、互联网行业更为兴盛。随便一个商业概念或计划都有可能融资成功。我任职的公司，也在这个浪潮中经过一番包装后获得财团收购，继而融资。我忽然感到要发达其实也不怎么难，只要有一个好的商业意念，再加几分像样的包装就可以了。可是，没多久科网爆破，"烧银子"的年代也宣告结束。人们纷纷意识到不切实际、没有实质业务的企业最终也不能长久，很快便会玩完。

2001年，我和另外几个人合作创办了一家计算机公司，这是我人生第一次创业。我们摒弃了科网时代不切实际的想法，而着手建立实质可行的业务，大力发展自己的产品。那时候，我们成功拉拢了大型国际电子手账商，把我们的产品放到手账平台中。我们的产品开创先河，在市场处于领先地位。我们研发的产品，在香港可以说是第一家。当时某电视台有一个节目，其中有一集就来访问我们，就这样我们的产品上了电视，并且获得了免费宣传的机会。

我们挟着领先市场的产品以及开发市场的能力，预料可以开创一条大道。然而这家公司还是在两年后无疾而终。我们公司几个搭档，独立来看，每个人都是一条龙，然而凑在一起，每个人就变成一条虫。为什么我们合在一起不能发挥团队力量，反而把综合效益也拉了下来？后来我上了Money & You课程，其中有一个游戏就是关于团队的综合效益，那一刻我才恍然大悟。我的几个搭档，他们打工都能独当一面，有的年薪百万，而且也只不过是三十出头而已。然而打工和创业根本就是两回事。创业做老板，面对的困难要大得多。创业初期，为了资金的周转，我们都要勒紧裤腰带过日子。日子艰难的时候，大家少不了都会缅怀以前打工时相对安稳的日子。

有时候蓦然回首，只要一想到这家公司，我的脑海里便会浮起一句成语——功亏一篑。这一"篑"，其实就是"坚持"。我们有开创先河的产品，以及新开拓的市场，然而就是没有"坚持"，导致功亏一篑。在自己的公司沉寂了一年后，市场上才有类似的产品出现，这些产品到目前仍有一定的销量。如果当年我们再坚持多一年，那么局面肯定不一样。我们有些人坚持默默耕耘，有些人仍然抱着科网时代的侥幸心理，理念的不一致，使大家不能发挥团队的力量，再加上日子一旦艰难，很容易就让人意兴阑珊，最后纷纷留下残局拂袖离去。

这一役，使我尝到挫败和沮丧。我深深地感到合适的团队、合适的搭档实在是可遇不可求。如果大家理念、目标一致，再加上一份坚持，肯定能把企业延续下去。我苦苦地思索着自己的未来……

经过几番挣扎，我还是坚持要在创业这条路走下去。

思考：找到自己的定位

2004 年是我人生的另一个转折点。那一年，我豁然开朗。有一天晚上，我独自去了一个演讲会，主讲嘉宾是林伟贤老师。林老师别具一格的演说深深地打动了我，我不假思索地报读了 Money & You 课程。上课的第一天，有一个关于掌握优势的游戏，使我当天放学后整晚躺在床上翻来覆去都睡不着。我回顾自己这几年来一路走得辛苦。在计算机行业，我混口饭吃不成问题，然而却没有什么突破，原因就是我没有掌握优势。如果我继续这样混下去，再过十年、二十年，恐怕自己还是现在这个模样，甚至更糟糕。那天晚上，我越想越害怕……

我深深地意识到自己需要转变、突破。我在课堂上也忽然发现，原来这几年来自己心中隐隐藏着一份"愁绪满怀无释处"的感觉，而上完课后我顿觉豁然开朗，自己过去都不敢面对失败，面对真正的自己，而Money & You逐渐令我打开心房，步履转而变得轻松。

渐渐地，我找到自己的路。这几年来，经营事业依然辛苦，但心中却多了一份踏实的感觉。感谢Money & You来香港与我结缘。

这几年，我涉足教育行业，至今依然在坚持，而且已到了"衣带渐宽终不悔"的境界。虽然为了铺设一些后路，这几年也投资搞过小型百货店及服装业等，但我心中很清楚这些都只是我用金钱去投资而已，并不是我为之而拿宝贵的光阴去拼搏的东西。我清楚自己的定位和路向。

有时候我会想：假如没有遇上Money & You，那我现在会怎样呢？我肯定我还没有开窍。我十分感谢自己自动自觉地走进这个课室。人往往都是在不停地学习与领悟中不知不觉地找到出路。

合作：找到同舟共济的搭档

在漫漫的事业旅途中，我跌跌撞撞，跟着又再爬了起来。走到今天，我庆幸还有理念一致的搭档、团队与我同行，与我一起追逐梦想。其实，企业要做强做大，总离不开搭档、团队的共同努力。在过往这些合作过程中，我曾经因为自己对钱财抱不计较的态度而吃了亏，也曾经深深地体会到搭档之间同舟共济的可贵之情。

与人合作，我有以下一些感悟：一是双方输掉钱财并弄至关系破裂，是为下下之策。人与人合作做生意，大前提都是为了求财，实现彼此的梦想。然而，很多人合作做生意，不仅双方赔了钱，也把彼此关系也给赔上。很多人更弄至反目成仇，互相指责，最后连朋友都做不了。这叫做两败俱伤，于人于己都无益，所以是下下之策，必须引以为戒。

二是一方占了便宜，一方觉得吃了亏而使双方关系破裂，是为下策。一方虽然占了便宜，然而这只是一时的便宜，不能持久，最后更把双方关系也断送掉。有人赢，有人输，所以其实也只能算是下策。现实生活中，第一、第二种情况比比皆是。更甚者，双方更不惜对簿公堂，焦头烂额也在所不计。

三是缔造双赢、多赢的局面，使双方关系和谐长久，此为上上之策。双赢、多赢意味着要站在对方甚至多方的角度和立场去思考、权衡，最后创造大家都赢的局面。为了企业的长足发展，双赢、多赢更是不可或缺的。

结尾：分享便是成长

执笔写这篇稿子的时候，我感到一点点的压力。因为把自己的文字公之于世，不仅要对自己负责，更要对别人负责。写自己的东西其实真不容易，因为要思索它于读者有何裨益。无论如何，我搜索枯肠，也总算真切地把自己呈现了出来。分享便是成长，希望没有让你失望。

最后，感谢实践家知识管理集团，感谢李海峰老师对出版这本书的热忱和所付出的努力。

附：陈丹苹女士的 DISCUS 性格分析报告

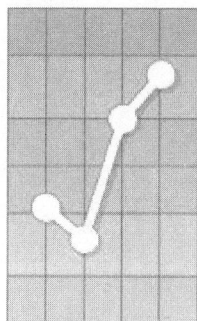
DISC

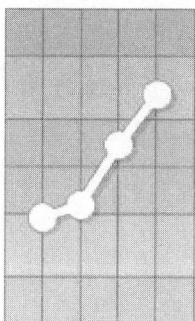
DISC

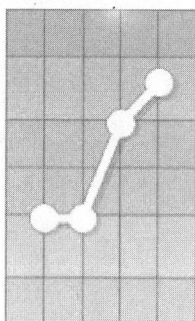
DISC

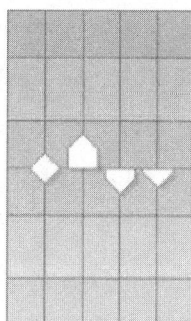
DISC

内在分析表

内在分析表的最高点，代表着你最自然真实的内在动机和欲求。这种行为之所以常在你处于压力时显现，是因为你没有 " 空间 " 或时间调整行为。

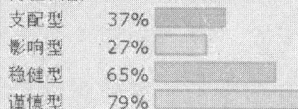

内在因素	
支配型	37%
影响型	27%
稳健型	65%
谨慎型	79%

外在分析表

外在分析表描述应试者认为自己应呈现的理想行为。这种图形通常代表个人试图在工作中采用的行为类型。

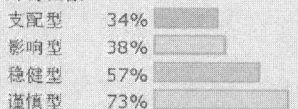

外部因素	
支配型	34%
影响型	38%
稳健型	57%
谨慎型	73%

总结分析表

真实世界里，应试者通常会表现出与内在分析表（直觉行为）及外在分析表（视现状调整的行为），这两种分析表一致的行为。总结分析表是这两种描述个人正常行为图形的综合。

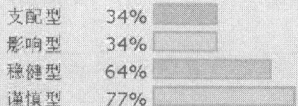

总结因素	
支配型	34%
影响型	34%
稳健型	64%
谨慎型	77%

转换模式

转换模式图形显示应试者的内在和外在分析表之间的改变，并凸显应试者正在进行的性格调整。

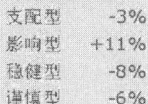

分析表转换	
支配型	-3%
影响型	+11%
稳健型	-8%
谨慎型	-6%

丹苹具备中国女性的传统美德,温柔、宽容、刻苦耐劳。但实际上,她非常追求专业性,如果给她充足的信息和时间,她会像中国的微雕大师一样去对待自己面临的事情,精雕细刻地寻求高品质。所幸她同时有充足的弹性,避免了像绝对完美主义者那么固执。

大部分情况下,我们都下意识地认为S、C高的人缺乏浪漫。但实际上,C高带来的细腻,S高带来的对人的关注度,会让丹苹在对身边世界做观察时,有超卓的敏感度和深入的思考。她的浪漫和创意往往都不是灵光一闪,而经过一定时间的积累,有回韵悠长的效果。点滴感受对于她而言,是生活财富的积累,能让她时常回味并持久地从中获得快乐。面临高强度的感受和冲击时,敏感的丹苹反而会呈现出一种延迟反应的趋向,镇定而三思后行。与之相反的是,浪漫的伯明可能对于高强度的刺激第一时间抓住主干做出反应,但无论痛苦还是快乐,都很少像丹苹这样反复斟酌回味整个事件的全部细枝末节。

羞涩的丹苹,正在尽力克服自己的障碍,尝试主动和人交往。这种主动往往是糅合着为大家服务的目的,因为只有告诉自己"我在帮助别人"的时候,丹苹才能坦然地主动去和不同的陌生人打交道,主动开口说话。因此丹苹可能会以义工的形式来拓展自己的人际交往。

丹苹太善于反省自己,一旦事情出现岔子,她的第一反应都是从自己身上找原因。因此和丹苹合作的时候,不需要担心她不肯承担,而更需要注意帮她减重减压。

用爱耕耘人生，用心上好每一课

耿江丽

（香港北京语言发展中心创办人）

编者按：江丽长得很"江南"，一头乌黑亮丽的头发，精致的五官，苗条的身材。因此我总错觉她是苏州人，原来她却是"北京人在香港"。去了香港二十多年，连用词都开始香港化。可能因为教师这份工作，每天都要不断地说说说。要融入一个地方，首先便要融入它的语言。

每次她给我打电话，第一句总是抱歉打扰，第二句开始谈正事。彬彬有礼而又节奏很快，但不会咄咄逼人。我有一件事情总是拖着她，决定权不在手上，只能每次都遗憾地做解释，幸好她这关容易过。

她的主动积极，带给我个人很大的力量。看上去微不足道的机会，看上去遥遥无期的目标，看上去能力范围以外的要求，她都会努力去尝试。而且，这并不是什么破釜沉舟背水一战，而纯粹是一种习惯和态度。认真生活，认真工作，往往可能只是一种习惯而已。感谢她帮我降低了"劳模"的标准，让我有勇气去追逐这样一个远大目标。

用爱耕耘人生，用心上好每一课！

发现：儿子令我找到另一个开始

几年前，儿子放学回来总是对着学校的功课闷闷不乐，一边摔打着课本，一边自言自语："为什么要做功课？我不想做功课，我很累……"就这样功课持续四五个小时，甚至还要挑灯夜战，真的有那么多功课吗？

记得在上小学时，我一放学便会找几个同学一起做功课，一边做一边聊天、吃东西，作业内容往往也只是抄抄书，做几道数学题，却要用上三四个小时。到了上中学，干脆就不再聚在一起做功课，而是跑去找同学玩。做功课也随之变成了副业，总认为课堂上听懂了理解了，不需要做什么功课，做功课只是多此一举，纯粹是浪费时间。

小时候总是问妈妈为什么老师总爱给那么多功课，而那些功课到底对我有什么特别的好处，整天梦想着像小鸟一样可以在天空自由自在地飞，想飞到哪里就飞到哪里，想做什么就做什么，我要自由！我要自由！梦想着每天上学不要这么机械式的学习，多学自己喜欢的东西，学校应该多给我们这些学生自由学习的空间，给我们一个发挥、锻炼实际能力的环境，给我们更多自由发展的机会。幸亏总是会听到妈妈说："学到了东西总是自己的，没人可以拿走。"之所以从小学起可以每年升班，一直到毕业工作，只是因为不想惹妈妈生气，不令她失望，于是这种叛逆的思想和念头也深深地埋在了心里，而不表露出来。但妈妈那句话让我不断学习，永生难忘。事隔多年，也不知道当年的烙印究竟藏在了哪里。

在儿子六岁的时候，有一天，他跟我说："妈妈，香港是个民主

我的人生我做主

的地方，我喜欢什么就做什么，我要自由，不想做功课，不愿意上英文课，不爱……"这简直让我回到了童年，站在我面前跟我说话的不就是当年的我吗？这实在令我愕然，想不到孩子六岁就给我提了这样棘手的问题。孩子都上小学一年级了，自己本以为每天早上送孩子上学，放学回家陪孩子做功课，我应该不需要担心什么。孩子的适应力很好，谁知道在小小的心灵里却埋藏着另一个"根"——我们的思维方式要改变，我们的教育方式要改变，我们的沟通方式要改变。

儿子令我找到另一个开始——爱孩子，更爱教育。

专业：了解孩子的需求

没有人天生就会做父母，我们每天都在不断地学习怎样做一个对自己孩子有帮助的父母。孩子们在不同的年龄阶段有不同的学习内容，但最重要的是要懂得孩子的需要。

有一篇外国文章，节选自唐继柳编译的《二十美元的价值》：

> 一位父亲下班回到家已经很晚了，他很累也有点烦。他发现五岁的儿子靠在门旁正等着他。
>
> "爸，我可以问您一个问题吗？"
>
> "什么问题？"
>
> "爸，您一小时可以赚多少钱？"
>
> "这与你无关，你为什么问这个问题？"父亲生气地说。
>
> "我只是想知道。请告诉我，您一小时赚多少钱？"小孩哀求道。
>
> "假如你一定要知道的话，我一小时赚二十美金。"

"喔，"小孩低下头，接着说，"爸，可以借我十美金吗？"

父亲发怒了："如果你问这个问题只是要借钱去买毫无意义的玩具的话，给我回到你的房间睡觉去！好好想想：为什么你会那么自私。我每天辛苦工作，没时间陪你玩这小孩子的游戏。"

小孩默默地回到自己的房间关上门。

父亲坐下来还在生气。后来，他平静下来了，心想会不会对孩子太凶了，或许孩子真的很想买什么东西，再说他平时很少问自己要钱。

父亲走进孩子的房间问："你睡了吗？"

"爸，我还没有睡。"孩子回答。

"刚才我可能对你太凶了，"父亲说，"我不应该这么生气骂你，这是你要的十美金。"

"爸，谢谢您。"孩子高兴地从枕头下拿出一些被弄皱的钞票，仔细地数着。

"你已经有钱了为什么还要向我要呢？"父亲不解地问。

"原来是不够的，但现在凑够了，"孩子回答，"爸，我现在有二十美金了，我要向您买一个小时的时间。明天请早一点回家，因为我想和您一起吃晚餐。"

当我看到这篇文章时，我为这孩子的行为而感动，这个孩子太棒了！但是作为父母的我们了解孩子吗？很多父母都以为自己很了解孩子，可实际上却不知道孩子到底需要什么，不少人甚至认为孩子有吃、有穿就够了，只重视孩子物质上的需要，却有意无意地忽略了孩子在其他方面的需求。这种现象可能与现代人的生活压力有

我的人生我做主

关。不少父母，特别是父亲，为了养家糊口，常常起早摸黑，少了很多时间去关心孩子，甚至连与孩子一起吃顿饭也很难挤出时间。孩子虽小，却忽略了他也是一个有七情六欲的人。作为一个具有七情六欲的人，孩子会有情感、安全、生理、尊重等各种不同层次的需求。

鲁迅先生讲，"时间就像海绵里的水，只要愿意挤，总还是有的"。不要错过跟孩子相处的每一分钟，不一定是要带他去旅行，只是跟他一起吃吃饭，聊聊天，甚至坐在他旁边，其实这样看似简单的事情却会给孩子带来不同的影响。多了解孩子物质以外的需求，不要让孩子在亲情方面产生一种饥渴感。

教育：十大好习惯

孩子最早受的教育是家庭教育。家庭教育这个环节，最关键的是父母素质。从培养父母和孩子良好的习惯开始，有好的习惯，个人素质就会提高，而这种好的习惯也会形成一种家庭文化。

"现代父母"实现"现代教育"需具备五元素质：现代的教育观念，科学的教育方法，健康的心理素质，良好的生活方式，平等和谐的亲子关系。

下面是父母和孩子的十大良好习惯：

1. 终身学习与孩子一起成长的习惯。

2. 真爱和严格要求相结合的习惯。

3. 言教、身教、心教相结合的习惯。

4. 诚实守信的习惯。

5. 乐观和快乐的习惯。

6. 不代替孩子成长的习惯。

7. 发现和赞扬孩子的习惯。

8. 让孩子承担责任的习惯。

9. 关心和引导孩子学习的习惯。

10. 家校合作、沟通第一的习惯。

贯穿"十大习惯"的一条红线就是：着眼于习惯，落实到行为，目标是素质。

终身学习与孩子一起成长的习惯

著名教育家洛克说："教育上的错误比别的错误更不可轻犯。教育上的错误正和配错了药一样，第一次弄错了，决不能借第二次第三次去补救，它们的影响是终身洗刷不掉的。"家长是孩子的第一任教师，在"不可重来的教育"中，当然要学习在前，考虑后再教！

家长应以培养自己的"五元素质"为目标，实现家庭教育的"三个转变"：由经验育人向科学育人转变，由片面注重书本知识到注重培养孩子做人转变，由单方面命令向平等沟通转变。在孩子不同的成长阶段学习的内容也会不同：

在婴幼儿期着重培养孩子的高智商，在少儿期着重培养孩子的高情商；

培养孩子"说干就干，干就干好"的习惯和性格；

帮助孩子建立良好的社会及个人价值观；

帮助孩子处理好成长中的问题，变不利因素为有利因素；

构建和谐人生，实现富中之富。

父母需要学习，孩子也需要学习。亲子之间需要共同学习，相互学习。因此，要积极参加家长课程，认真学习，终身学习。

真爱和严格要求相结合的习惯

爱是对自己、对他人、对自然的"给予、关心、负责、尊重、了解和公正"。

真爱是与法律，与社会道德规范相一致的爱。所以爱赌博，为朋友不问是非两肋插刀，不是真爱。

溺爱也不是真爱。溺爱是过分的爱，娇宠、姑息、迁就、纵容。溺爱使孩子变懒、变弱、变自私、变得冷酷无情。更严重者可以毁掉孩子。对于少年儿童来说，所谓的"真爱"，就是把孩子当成真正的人，尊重其人格，满足其需要，引导其发展，而不求私人之利。

尊重少年的人格，最主要的是尊重孩子的四大权：生存权、发展权、受保护权、参与权。孩子的其他权利，如姓名权、健康权、医疗保健权、受父母照料权、隐私权、娱乐权、闲暇权、表达权等也应得到尊重。

严格，就是符合法律和道德规范，符合孩子的年龄特征。对孩子承诺的事就要坚决做到，有始有终，养成习惯，形成素质。决不言而不行，半途而废。

许多孩子出现问题多数是家长了解和尊重孩子不够、不当而造成的。

言教、身教、心教相结合的习惯

言教就是通过有根有据有情的道理对孩子进行教育，包括适当的批评。但孩子对父母的说服教育并不十分重视，因而要进行身教。

身教就是父母在日常生活中的一举一动、一言一行都起到表率作用，并在潜移默化中影响孩子。但有些孩子对父母的身教不买账，甚至讽刺父母"装腔作势"，"不合时宜"，因而还要进行"心教"。

心教一是要心通，心通则意到，意到则情合。情合则父母的教育易为孩子接受。心教还要注意培养孩子的情商（EQ）。心教的前提是尊重、理解、信任、关心孩子。

心教的目的是围绕着习惯（包括语言习惯和思维习惯），落实到行为，目标是良好的素质。

什么是素质？从思想层面来说，忘不掉的就是素质；从身体层面来说，一时改变不了的就是素质。比如举重运动员长期形成的粗壮的身体和四肢，一时难以改变。芭蕾舞演员的身体及四肢修长、腰细，同样一时难以改变。这就是他们的身体素质。

形成素质的主要途径是习惯，习惯强化到一定程度就变成素质。

诚实守信的习惯

民无信不立，家无信不睦，国无信不兴。成功之道就在"恪守诚信"。诚信作为人类文化的道德范畴，它是人之为人最重要的品德，是一个社会生存和发展的基础，是和谐社会的桥梁。诚信是完美人格不可或缺的组成部分。绝不能因为当今社会有时出现"老实人吃亏"的现象而放弃。

据国内某权威报纸调查，现代人平均每天会接触到三十八个谎言。虽然善意的谎言是人生的点缀，能保护自己或朋友的自尊。善意的说谎者通过撒个无关紧要的小谎取悦他人，避免冲突，在一些特殊场合这是难免的。至于为了达到某种特殊的利己的目的而编造的谎言，则必须要避免。因此，我们要学会辨别恶意的谎言，保护自己不受伤害。

曾参"杀猪教子"之所以成为千秋佳话，就在于它的道德意义。虽然把一个正在长膘的猪杀了，在经济上造成了一些损失，但从教子诚信出发，毕竟是值得的。

学生诚信从考试不作弊开始，从平时不抄作业开始。只有讲求诚信、严肃学风，才能培养出真正素质过硬的学生。美国弗吉尼亚大学，建立了自己的"荣誉体系"，每个学生都庄严承诺："我以我的荣誉担保，我没有说谎、欺骗和偷窃"。这句誓言，造就了社会无数有用之才。

乐观和快乐的习惯

生活像面镜子，你对它笑，它也对你笑；你对它哭，它也对你哭。你把生活的摄像机对准事物（包括自己）的积极面，你就会笑，否则你就会哭。

每个孩子都希望父母满面春风，有说有笑。老是铁着脸，开口闭口训人，"眼睛一睁骂到熄灯"的父母，不仅自己活得累，还会影响孩子健康性格的形成。

快乐是什么？

快乐是思想愉悦时的一种状态，是一种习惯，是一种思维方式，是一种感受。并不是由个人财产的多少、地位的高低、职业的贵贱来决定。人生是快乐与痛苦的交响乐，去掉痛苦就显不出快乐。有些父母一味地"给予"孩子快乐，自己去承担一切痛苦，结果孩子并没有感到快乐，因为他不知道痛苦是什么。

怎样做一个快乐的父母呢？

一是想象快乐，对任何事物，对自己对孩子多想好的方面。

二是享受快乐，快乐来了全身投入享受快乐。

三是回忆快乐，快乐走了经常回味快乐，心里老是喜滋滋的。

四是缩短烦恼，烦恼没来不提前去想；烦恼来了尽快把它送走；烦恼走了再也不去回忆，把它"扫地出门"。

五是面对现实，即使自己损失了一只脚，比起四肢全无，却写出畅销书《五体不满足》的日本青年乙武洋匡不是幸福得多吗？总的态度是"能改变的改变它，不能改变的接受它"。

有一位"快乐大师"，把"高兴高兴高高兴，怎么那么高兴呢"的条子装在抽屉里，天天读，真的快乐起来。各位家长不妨与孩子一起做，令孩子也令自己更快乐，变成一种习惯。

不代替孩子成长的习惯

"成长"是孩子发展智力、非智力、体力的过程，是孩子从自然人变为社会人的过程。在这个过程中，孩子需要实践、探索，取得直接经验，也需要在直接经验的基础上，经过别人的讲解、传授，学习书本知识，取得间接的经验。

游戏是孩子最初的学习。孩子通过玩水、玩沙、捉鱼、捉迷藏、打雪仗、塑雪人等，懂得了水的性质、沙的性质，知道雪遇热必化等情况。同时锻炼了自己的大脑，锻炼了自己的四肢。手是外在的脑、脚是外在的心脏，用手多的孩子大脑发育得好，用脚多的孩子，心脏比别人的强。

家务劳动是"生活的小百科全书"。在家务劳动中学到的知识、受到的锻炼，实在太多太多了。家庭是培养习惯的学校，是学习交往的启蒙课堂，是进行情感教育的理想场所。可惜这些教育资源我们还未能全部开发。

成长是不可代替的。但许多家长却一定要去代替，他们包揽了孩子的一切生活服务劳动。由于家长的大包大揽，孩子好动好奇的天性得不到发展，本来在劳动中受到锻炼、取得成功、得到满足、得到快乐的需要而得不到满足，因而常常有一种压抑感，常常感到不快乐。代替孩子成长会造成培养了一些发展不完全或者性格畸形的孩子。因此，给孩子一定的空间，让孩子自己成长，才是至关重要的。

发现和赞扬孩子的习惯

孩子总是特别渴望得到别人的肯定。一个孩子如果在童年时代缺少家长善意的赞扬，那就可能影响他个性的发展，甚至还可能成为一种终身的不幸。所有受欢迎的父母和老师都是发现大师，都拥有一双"爱的眼睛"。他们能在极短的时间内，发现孩子的闪光点，发现他的长处。

例如，1995 年 8 月，北京的一个女孩马月，反复宣示"9 月 1 号开学前一定要去死"。但通过观察，李圣珍老师发现了她心中还有"希望"的东西在吸引着她。结果不仅挽救了马月的生命，还在 2001 年把她送进了北京一所名牌大学。周弘就是一位发现大师。他经常戴着放大镜和望远镜寻找聋儿婷婷的优点，极大地激励了孩子的学习热情和毅力。

孩子对成人特别是父母的评价十分敏感，你爱他、喜欢他，他通过你的眼神就能感受到。一旦接受了你爱的资讯，你说什么他都能听到心里去。你把对孩子的要求变成鼓励，孩子一定会"配合你"。聪明的孩子是夸出来的，你往哪方面夸他，他就往哪方面努力，他越来越努力，当然就变得更聪明了。笨孩子是骂出来的。你越骂他笨，他越失去自信，越不努力，就越笨，最后变成笨孩子了。

如果没有赞扬和鼓励，任何人都会失去自信。

让孩子承担责任的习惯

常听一些父母说："我的孩子不孝顺"，"我的孩子做功课丢三落四"，"我的孩子常丢东西"……他们来找我询问矫正办法，情况虽然不同，但原因大抵一致：孩子没有养成承担责任、对自己负责的习惯。责任心是做人的基础。要想子女成为一个好人、一个有用的人，就要教育他对自己负责，对他人负责，对家庭负责，对社会负责，对国家民族负责，对我们生活的地球负责。

1. 培养责任感。比如早上按时起床是自己的责任；做好功课也是自己的责任，所以回家后先做功课再玩；在家里每个家庭成员都要负责一定的工作，孩子也不例外，根据孩子的年龄分配不同的事情，有助于从小培养他们对家庭、对别人的责任感，更可以建立良好的分工合作观念。

2. 自作必须自受。做家长一定不能心软，一次的心软可能会助长孩子以后多次的失败。我儿子七岁的时候，有一次学校放学便乘车去学音乐，谁知下车时竟忘记拿书包，车已开走了才想起书包还在车上，我只听到他在电话里哭哭啼啼地跟我说书包不见了。当时一个七岁的孩子觉得丢了书包很害怕，我告诉他不用怕，我们想想办法就可以找回来，不过要自己去做，后来我让他自己去车站总站拿回了书包，那天晚上我跟他分享自己做的事要学会承担责任。从此以后他真的不会再忘记带东西离开。

3. 和孩子讲一讲自己的烦恼。不要总说"你还小，你不行"，"父母苦死累死也情愿"这类的话。要将家中的困难告诉孩子，激发孩子的责任感，让孩子分担一部分。只要放手锻炼孩子，敢于狠心压担子，孩子都会逐步坚强起来的。

关心和引导孩子学习的习惯

据调查，因为喜欢读书而上学的学生中，小学生占8%，初中生占11%，高中生仅占4.3%。因而树立爱学乐学的态度至关重要。从认识上、情感上、态度上让孩子有了准备，那他们克服学习中的任何困难就变得轻松许多，自信许多。对于学习，许多人认为"学好了就能快乐"，其实话应该反过来讲，"快乐了才能学好"。

首先，要教好孩子就要先懂孩子，利用他们的先天风格来沟通与引导孩子学习。

有些孩子可能平时很用功，可成绩不理想，上课不专心，不爱做功课，与家长老师对抗，动辄乱发脾气……毕竟有些孩子虽然天资聪明，但我们传统的教育并没有搞清楚适合孩子的学习方式和先天优势，也没有先打好基础的学习能力，只靠用功苦读、处罚奖励、勤能补拙，并不能保证孩子们的竞争优势。父母要做孩子们的伯乐，因材施教，从认识孩子的先天风格与学习类型开始。比如对一个认知型的孩子来说，他内心有很强的自主权和选择权，并有抗拒的声音："我不想现在做，不想用你的方法做，越逼我，我就越不做。"这就是我们家长所说的孩子的叛逆，针对孩子的先天特质，我们做家长的需要协助孩子订立、实践自己的目标，清楚地告诉他们实现目标要遵守的规则，要努力的地方。把他成功的样子输入大脑，让他看到自己成功时的模样，这又怎么会不令他充满自信呢？适时地鼓励孩子的正面行为，而要改变行为，先要改变态度。

其次，主动学习形成主动人格。

态度改变了，由被动的学习变成了主动求知，家长还要不断地强化孩子的行为，让它逐渐形成一种人格特质。主动才会生动、活跃，

191

主动才会创造发展。常说"笨鸟先飞"，其实先飞的多半是聪明鸟。他们考虑在前，行动在前，预习在前，事事主动，时时主动，总是立于不败之地。这样的"鸟"哪里笨呢？

再次，挖掘孩子的优势，增强补弱，培养兴趣。

每个孩子都是独一无二的，身体内都蕴藏着不可预测的潜能，当知道孩子哪种能力强的时候，就用适合孩子的学习方法来引导，并加强培养孩子的独特能力，挖掘孩子的潜在优势，增强补弱，针对性地培养孩子的兴趣。兴趣可以使人进入对知识追求的痴迷状态。常说兴趣出勤奋，其实勤奋同样可以出兴趣。这样，孩子不但能够有效率地学习，日后也会拥有胜过他人的竞争力。

此外，教育孩子还要讲究方法。

方法是成功的金钥匙。每个孩子的性格不同，我们要善用孩子最具优势的天赋去引导他们学习，只要方法用对了，学习效率就会提高。孩子们不需要整天埋头苦读，也能取得理想成绩。

体觉型的孩子是在"做中学"、"动中学"、"摸中学"，也就是说一个体觉型的人只靠看及听讲是不行的，必须让他们亲自动手操作、实际演练或马上跟着写一遍，才能够学得又快又好。在学习上很需要利用"肢体分解记忆"。许多人生道理对体觉型的人来说，如果没有亲身体验过，是无法让他们信服的。因此，建议家长要给体觉型的孩子尝试的机会，遇到挫折时也能让他们从错误中改进与成长，有时遇到的困难越大，进步的空间就越大。

视觉型的孩子用眼睛看是最有效的学习方式，文字、图片、图画、颜色、图表等具体的事物对视觉型的孩子都是最好的教学方式。在学习上很需要利用快速记忆"心念图"。

听觉型的孩子用声音和耳朵学习的效果最好，教学中可以多使用录音、音乐、话剧、演讲、交谈、讨论、问答等形式。

学习能力的高低决定了未来的竞争力，从小就积极开发、充分刺激学习功能的三大管道，让他们畅通无阻，学习能力越来越强，就越能把学到的东西转化为未来的竞争力。

最后，有效的沟通与辅导是培养优秀特质的助跑器。

长期研究指出，人们对情绪的认知和处理情感的能力，比 IQ 更能决定你在生命中各层次的成就。把人了解透了，潜能就发挥出来了。成功＝意愿（欲望）＋能力（优势），往往情绪与欲望是形成成就的动力来源，作为家长要培养一个优秀、成功的孩子应该规范孩子的行为而非情绪与欲望，做一个称职的情绪辅导师，用孩子喜欢的并可以接受的方式进行沟通。孩子需要有所适从，也喜欢有所适从。家长要让孩子既喜欢你、又尊敬你，就必须在家里建立秩序，把规则讲清楚说明白，令孩子有安全感，觉得舒服。这样孩子喜欢你，就会配合你，更要让他们知道你对他们的期望。并在告诉他你的期望时一定要清楚具体，不要令他们怀有疑问。例如：当孩子做错事令你很生气时，只是惩罚、甚至责骂他们，你将会看到他们摆出一副难看的脸，一种不服气的神情，因为他们根本没从错误中学到教训，要跟孩子好好谈谈你生气的原因，并听听孩子们的观点，告诉他们那样的行为有什么不当，怎样才能避免以后再犯。这样才让他们真正的学到东西，并养成不断反省的特质。

孩子喜欢有人关心他，无论你有多忙，如果孩子有活动，尤其是一些大型的活动，你都要抽时间参与。在孩子心甘情愿为你的嘱咐付出之前，他们想要知道你也愿意为他而付出，一旦你做到了，和孩子相处也就变得更轻松，更有收获，也更有意义，让自己成为一个爱关心孩子的人。

总之，每个孩子都有不同的特质，要擅长运用他的特质与他进行有效的沟通，培养出孩子优秀的特质，令他成为最好、最棒、最优秀的人。

家校合作、沟通第一的习惯

学校和家庭是孩子接受教育的主要场所。所以家长必须经常和学校沟通，形成同向合力，才能取得最佳效果。

首先，家长要从思想感情上信任学校，信任老师。不能包庇自己的孩子，随便指责议论学校老师的不良言行。对学校、老师有意见时，要通过正当途径取得解决。

其次，准时出席家长会，有专用的记录本（可从中了解孩子成长的过程）。平时经常主动与老师联系。

第三，用感谢的方式提出孩子的正当要求，请老师帮忙。

第四，理智地对待老师对孩子的负面资讯。老师越是告状，家长越要看到孩子的优点和闪光的东西，以保护孩子的自信。

家庭教育是一门"润物细无声"的艺术，父母只有不断提高自己的综合素质，才会给孩子良好的熏陶。

改变：改变事情前先改变自己

百年大计，教育为本；教育大计，教师为本。如果说教育是国家发展的基石，教师就是基石的奠基者。国家的兴衰、国家的发展系于教育。只有一流的教育才有一流的人才，才能建设一流的国家。17 世纪捷克的大教育家夸美纽斯曾经说过："教师是太阳底下最光辉的职业。"俄国的化学家门捷列夫也说过："教育是人类最崇高、最神圣的事业，上帝也要低下至尊的头，向她致敬！"可以说，无论一个人的地位有多高、贡献有多大，都离不开老师的教育和启迪，都凝结了老师的心血和汗水，在老师面前永远是学生。国家各项事业的发展需要大批的人才，同样也离不开教育和启发式教学。

我在 Money & You 课堂中学到：事情要改变，我们首先要改变。社会对人才的需求在改变，我们也要改变以往单一"加速式"教育，加强"丰富式"教育，从课程目标、课程结构和课程内容这几个方面进行转变。学生希望在课堂上接受到的概念清晰，老师就要进行启发式、创新教育工具，让学生联系实际解决问题，使教育适应经济社会发展的要求，适应国家对人才培养的要求。

我在国内受传统教育长大，在港接触过本地及国际学校不同的中小学及幼稚园的教育。现在投身教育业，就要坚持"以人为本"的办学理念，以"依靠人、为了人、服务人"为基本出发点，尊重学生、关爱学生、服务学生，发现和培养学生的兴趣和特长，塑造学生大爱、和谐的心灵。把追求理想、塑造心灵、传承知识当成人生的最大追求。

现在对学生的教育，教师本身要做到这五点：

首先，整合课程内容、强化教育实践、调整课程结构、更新课程观念。完善一体化教师教育体系以课程即经验为理论基础，以自我成长型教师为培养目标的教师教育，突出教师的专业化特征。处理好学科类课程和教育类课程的重新整合。

第二，以教师多元素质的培养为切入点进行课程体系架构。自我成长型教师的可持续发展素质包括三个方面：学习素质、创新素质和实践素质。这三个方面相辅相成，统一于一体，教师教育必须重视学生这三方面素质的孕育、培养和提高，并以此为突破口，从宏观和微观上建构教学课程，在实践上实现教师教育与教学课程的一体化。陶行知先生所说的"教是为了不教"，就指明了要注重启发式教育，激发学生的学习兴趣，创造自由的环境，培养学生创新的思维，教会学生如何学习，不仅学会书本的东西，特别要学会书本以外的知识。把学、思、知、行这四个字结合起来作为教学的要求，做到学思的联系、知行的统一，使学生不仅学到知识，还要学会动手，学会动脑，学会做事，学会思考，学会生存，学会做人。

第三,要体现学生主体活动,把以"活动促发展"、以"实践促教学"作为一条原则,精心设计各种各样的教育活动,为学生的探知欲提供良好恰当的机会、条件、场所和更多的选择。

第四,形成既体现阶段性又体现整体性的一体化课程体系。教师编定课程必须以终身教育思想为指导,从各个阶段课程体系的内在结合点——多元能力的培养角度出发,结合各个阶段不同层次的教学要求,使之各有侧重,相互衔接,前一个阶段的课程成为后一阶段课程的基础,后一阶段的课程又是前一阶段课程的自然延伸和发展。

第五,应该针对孩子的不同特质设计不同的课程。学生的成长过程具有一定的规律性,又有一定的个性化特点。每个教师都要在依循规律的前提下与学生一起对自己的成长进行规划、设计。反映在课程上,就是要在正确认识教师与学生特性的基础上,对整个课程体系进行结构、内容、层次等方面的个性化建构。着重对学生进行独立思考和创造能力的培养,努力培养创新型、实用型和复合型人才。

引导孩子自我成长，这就要求培养学生有好奇心。好奇心是什么？就是追求真知。钱学森是大科学家，但很少人知道他是画家。他从小就受艺术的熏陶。大家都知道李四光是地质学家，但很少人知道他是我国第一首小提琴协奏曲的作者。他曾经说自己的科学成就和小时候学美术、学音乐、学文学是分不开的。因此他提倡学理科、工科的也要学艺术，学艺术的也要学工科、学理科。钱学森在被授予功勋科学家时的即席讲话说："我有一半的功劳要归功于我的夫人。"他夫人蒋英是钢琴家。他夫人的艺术对他的科学工作很有启发。追求真知，辨别真伪，寻求真理，趋善避恶，为民造福，应该是美学教育的内容。我们要求学生做一个全面发展的人，不仅要学好主科课程，还要在其他学科也具备一定的知识，具备一定的爱好。

优秀的孩子是培养出来的。心由意生，往往有什么样的意念就会有什么样的态度，也就会有什么样的结果。迈克尔·杰克逊的《我们同属一个世界》，这首歌的真谛就是让世界充满爱。孔子是我国的大思想家、大教育家，我们依心、靠思、用行来教育学生懂得人世间的爱，懂得人世间的真善美。孩子们都有心理活动，他们的心底也有知、情、义。要求学生要有爱心，懂得爱父母、爱老师、爱家乡、爱祖国。

教育是心灵与心灵的沟通，灵魂与灵魂的交融，人格与人格的对话。不久前有一个学生在上课前跟我谈话时提到：现在青年学生自杀的很多，小小年纪厌世甚至走上绝路，有的同学也有这种倾向，令他感到困惑。我们就以"珍惜生命，热爱生活"为话题展开了一连串的生活分享。他所说的事虽然是个别事例，但必须引起重视。教师个人的范例对于学生心灵的健康和成长是任何东西都不可能代替的。好的老师是孩子最信任的人，有些话甚至不对父母讲也愿意跟老师讲，老师能帮助他解决思想问题包括实际问题，做到这一点不容易，作为一名老师没有爱心是不可能的。唯有教师人格的高尚，才可能有学生心灵的纯洁。教书者必先强己，育人者必先律己。我们不仅要注重教书，更要注重育人;不仅要注重言传，更要注重身教。教师要自觉加强师德修养，坚持以德立身、自尊自律，以自己高尚的情操和良好的思想道德风范教育和感染学生，以自身的人格魅力和卓有成效的工作赢得社会的尊重。

结尾：爱让我走得更远

一个教师首先得是一个充满爱心的人，要关爱每一名学生，关心每一名学生的成长进步，成为学生的良师益友，成为学生健康成长的指导者和引路人。

其次得努力钻研、学为人师。在知识爆炸的年代，每个人都需要不断学习才能适应工作要求。教师是知识的传播者和创造者，更要不断用新知识充实自己。想要给学生一杯水，自己必须先有一桶水。教师只有学而不厌，才能做到诲人不倦。

最后还要崇尚科学精神，严谨治学，做热爱学习、善于学习和重视学习的楷模。要如饥似渴般地学习新知识、新科学、新技能，不断提高教学质量和教书育人的本领。积极投身教学改革，把最先进的方法、最现代的理念、最宝贵的知识传授给学生。教育是最复杂的社会现象，作为家长、教师的我们从事的也是一件最繁重的工作，这需要我们用心、用情、用力，根据不同孩子的个性特质去赏识孩子。赏识会带来力量，用孩子的眼睛去审视孩子，走进孩子的心灵，融进孩子的情感，用一双充满爱的眼睛去发现、去尊重每一个孩子的特点，让孩子在爱和关怀中快乐地成长。

前苏联教育家苏霍姆林斯基说："成功的快乐是一种巨大的情绪力量，它可以促使儿童好好学习，请记住无论何时都不要使这种内心的力量消失，缺少这种力量，教育上的任何巧妙措施都是无济于事的。"只有快乐地学习，快乐地生活和工作，才会真正享有富中之富的人生。

附：耿江丽女士的 DISCUS 性格分析报告

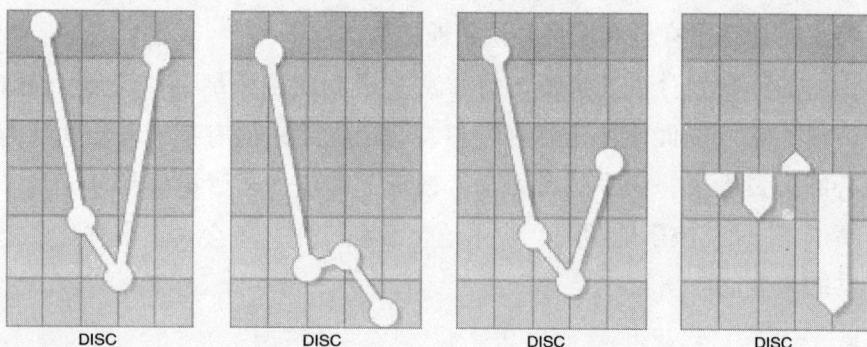

内在分析表

内在分析表的最高点，代表着你最自然真实的内在动机和欲求。这种行为之所以常在你处于压力时显现，是因为你没有"空间"或时间调整行为。

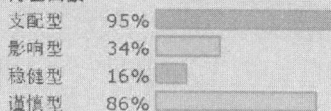

内在因素	
支配型	95%
影响型	34%
稳健型	16%
谨慎型	86%

外在分析表

外在分析表描述应试者认为自己应呈现的理想行为。这种图形通常代表个人试图在工作中采用的行为类型。

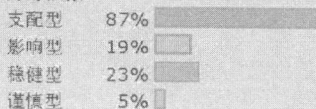

外部因素	
支配型	87%
影响型	19%
稳健型	23%
谨慎型	5%

总结分析表

真实世界里，应试者通常会表现出与内在分析表（直觉行为）及外在分析表（视现状调整的行为），这两种分析表一致的行为。总结分析表是这两种描述个人正常行为图形的综合。

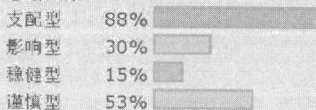

总结因素	
支配型	88%
影响型	30%
稳健型	15%
谨慎型	53%

转换模式

转换模式图形显示应试者的内在和外在分析表之间的改变，并凸显应试者正在进行的性格调整。

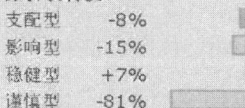

分析表转换	
支配型	-8%
影响型	-15%
稳健型	+7%
谨慎型	-81%

　　江丽做事快速果断，与人沟通直截了当，具有实干家的行事作风。她时刻清晰地以目标为导向，坚定地围绕目标去努力，而不会被一些伤春悲秋的情绪所困扰。这并不代表她不重视过程，如果可能的话，她也希望达成目标的整个过程始终高品质地运行。但一旦她察觉这不现实，或者会拖慢达成目标的进度时，她就会果断地降低自己的标准。比如大家比赛折纸鹤，看谁折得多。大多数人在折的过程中还是会注意要尽量折得好看。但江丽却会始终以数量为导向，不会在质量和数量之间游移——除非比赛结果对质量也有要求。

　　江丽对事情的把控能力非常高，具有冷静的头脑和不屈不挠的精神。有勇气面对进程中的所有挫折，因此会给人活力充沛的感觉。但她始终关注事情的层面，对于人的需求有时候照顾不来。敢于要求和敢于争取是她另外一个优点，对于别人的敷衍，她会以一种外柔内刚的态度去坚持，让人无法拒绝。

　　在人际交往中，江丽尽管不太会以闲聊家常的方式拉近彼此关系，但她会凭借高效爽快的态度以及公平冷静的作风，赢得大家的尊重。

性格影响命运

赵彦平

（郑州永逸企业管理咨询有限公司董事长）

编者按：赵彦平先生总是笑容满面，在人群中活跃地分享着自己的趣闻。我们笑说，60后的大学生就像金子一样宝贵，属于高级知识分子，还从来没见过这么活泼的。但他的活跃，恐怕很多时候只是用来防止冷场，温暖他人之用。想看透他的真正想法？看看他的文章，让我们一起来猜一猜吧。

童年：中庸性格初现

1966年，我出生在河南的一个农村。上小学的时候，家里很穷。那个时候没有考大学这一说，但父母仍然清楚，要改变命运，那就必须要找到一些与他们并不相同的成长方式——读书。只有通过读书才能逃离面朝黄土背朝天的命运，只有通过读书才能改变一个家庭的状况。父母常常教导我们只要努力学习，以后一定会出人头地，一定会进城当工人。这就是一家人的集体理想。那个时候工人就是

我的人生我做主

令所有农村人所向往的，只要成为工人，就会有一切！在我们农村人眼中，谁家要是有人在城里当工人，那就像现在谁家的人在外边当县长一样风光。

所以父母对我和弟弟的学习要求很高，"万般皆下品，唯有读书高"成为他们长挂嘴边的口头禅，自然对我们在学校里的表现也是要求很严。当年的教育观念比较传统，和我们这一代很多同龄人一样，家长的这种严格要求实际上是很朴素的，只是不断强调要求我们要听老师的话，严格遵守《学生守则》。就这样，打造出像我和弟弟这样一批家里的"乖孩子"，学校里的"好学生"。我们哥俩每年每学期都是"三好学生"，学习非常认真刻苦，在四邻里以"坐得住想得勤"著称，其他学生家长往往会以我们为榜样教育他们自己的孩子。可是，看看我们平日里吃的、身上穿的、从小到大住的，我又往往很自卑（这种自卑到现在有时还会影响我的工作和生活）。

除此之外，在那个时代环境里，我的父母一直在教导我们要忍让，要善待别人，千万不要出风头（当然，学习成绩除外），我父母常用"枪打出头鸟"、"出头的橡子先烂"等类似的话一直不停地教育我们，要求我们遵守秩序，千万不要惹是生非，千万不要做"出格"的事。在传统的道德教育下，我们严格执行中庸政策，谨言慎行，唯恐招致严重的后果。这种处事习惯一直在我以后的生活和工作中起着主宰作用。一方面，它帮助我以一种专业冷静的态度处理工作事务，用温和包容的心态处理人际关系。但另一方面，我又常常痛苦地察觉到自己个性上一些难以跨越的性格障碍——谨慎有余、果断不足和不愿意承担风险。与此同时，尽管我常怀揣着善意，渴望与更多的人交往交流，渴望对这个世界有更深入和辽阔的了解，但却往往在那些陌生人和陌生环境前驻足不前，似乎永远在等待别人先伸出邀请的手。

怎样才能主动释放自己的友善和热情，走出自己的堡垒呢？我想这同时也是很多现代人的困扰之一。一路读书走来，大部分同学已经习惯按部就班，等待别人的安排。而现在社会上涌现的宅男宅女，大概就是最好的说明。

我能走到今天这一步，万分感谢我的父母，他们教会了我如何朝着目标奋进，如何用勤奋和踏实这些中国人最朴素的优秀品质去赢取属于自己的幸福。尽管他们没有教会我们如何主动与他人沟通的技巧，但是他们给了我冷静分析的能力。尽管他们没有培养出我果断和冒险的特性，却教会了我换位思考、忠诚和毅力。

躬身自省一

父母的行为模式对孩子的影响是潜移默化的。尤其是在孩子的童年、少年时代更是如此。孩子不仅仅是在看你为他（她）做了什么，更是在看你在做什么。有一个故事是这样说的：一个儿媳对公公不好。有一天，她又拿着冷饭冷菜准备丢给公公。孙子（她的儿子）很认真地审视了碗里的饭菜。于是儿媳问孙子："你看这个干什么？"孙子天真地回答："我要知道等我长大了给你吃什么呀。"

这个故事固然有杜撰之嫌，但我却清楚地记得，我们村里一个和我同龄的邻居，他的父母和几个哥哥都非常霸道，村里没有人敢惹他们。他在这样的环境中长大，自然也霸道而没有修养。几年前，虽然相对来讲他们的家庭经济条件不错，但是他和他姐姐还是因为几千块钱的经济问题，在他的父母面前大动干戈，并且指着对方鼻子破口大骂他们自己的父母，可悲可叹！相反，在老实人家里养出来的孩子，根本就没有这种现象。

　　家长的性格影响着孩子的性格，现在很多家长往往是对孩子溺爱有加，尤其是现在很多家庭都是独生子女，在教育孩子方面，不敢让孩子轻易涉险，这对孩子的性格形成往往起着负面作用。现代社会竞争如此激烈，对我们所有的家长而言，我们是否可以给机会让孩子自己拿主意，增加他们的果断力、冒险意识和对失败的承受能力？能否鼓励孩子多与同学走动来往，鼓励孩子多参加有益的社会活动，增加他们的协调能力和人际关系能力？孩子性格的形成，父母是第一责任人，性格的好坏，决定着一个人的人际关系，也决定着成就的大小。因此，作为家长，一定要在孩子成长过程中有意塑造培养孩子好的性格，也一定要发现孩子身上独有的性格，让他充分发挥自己独有的优势，这样才能培养出优秀的孩子。如何根据性格进行培养和教育孩子呢？建议家长多了解自己和孩子的性格特质，因材施教。千万不要以自己的标准来雕刻孩子！

　　我和太太的性格都是 S 型比较高，天性都偏保守，不愿做主。与我们相反的是，年仅三岁的女儿，却显露出独立而又活泼的性格特质。夫妻俩于是商量说，女儿这样的性格，将来有可能有很多行为和选择都会与我们脑子中的"最佳方案"有所出入，但我们不能以自己的行为方式作为标准去要求她，反而要鼓励她自立，多跟人交流沟通，弥补父母身上的不足。有一天晚上，她说要出去散散步，我们借口有事就鼓励她自己出去找门口的保安聊天，结果呢，她自己乘电梯出去，真的跟保安聊了很长时间（当然我们在她看不到我们的地方观察她）。然后她自己回家，一家人都非常高兴。她自己的独立性和自信心都得到更好的提升。现在，女儿的事情，我们都鼓励她独立去做去思考。

求学：受到无心的伤害

高三那年，发生了一件对我影响极大的小事。那一年学校举办运动会，我以优异的成绩（短跑、跳远、长跑等项目）结束比赛。当时天气酷热，我又累又渴，跑到自来水管旁想洗把脸凉快一下。碰巧历史老师刘老师正在洗手，我一时不注意，随口而出："老师，能否快点，让我洗一下。"不想这句话让刘老师（史地教研室主任）如鲠在喉。因此，我被班主任叫到办公室猛批一顿。两位老师根本不给我任何解释机会。年少气盛的我觉得很冤枉，甚是不服，刚一开口要解释，又被以十倍的力量猛批，最后被罚站在办公室外一天。其后又要我回家叫家长（真的感谢那个时候没有电话这个现代化通讯工具）。最后我一个堂堂七尺男儿，刚刚在沙场上驰骋得意的体育健将，在权威的逼迫下，不得不满腹委屈哭哭啼啼地向刘老师道歉。这样我才被放回教室学习。自此我的历史成绩一落千丈。

从这段叙述中，相信各位读者一定能感受到直到今天，我想起这段往事仍然带着一腔负面情绪。时过境迁，我却还在为当年的小男子汉叫屈。这也是我跟很多老师常常谈起的一段亲身经历：教育学生过程中千万不要为了自己一时之快而有意无意去伤害学生那么幼小的心灵，不然的话，学生会记恨一辈子！

现在回过头来想一想，也许我的班主任是为了我好，也许是为了我亲爱的刘老师的面子，可是他的教育方式合适吗？难道你可以打着"这一切都是为你好"这样高贵的旗号而有意无意去伤害你的学生吗？难道一定要"己之所欲强加于人"吗？

躬身自省二

学校是一个封闭的小社会，而老师是其中绝对的权威，学生则处于相对弱势的位置。老师要善用这种权威，真正从学生的需求出发，这种崇敬的力量才能持续一生。一个好的老师，能带给学生的，是一生的照顾。而这种权威如果不被善用，则很可能会在学生中引发"反权威"的热潮，甚至扰乱课堂。看到现在社会上关于"现在的学生不好管"之类的言论，我真的想请那些站在教育第一线的工作者好好想想：你知道怎么使用自己职业的权威吗？

躬身自省三

我也是一名老师，虽然我的学员大都是企业的中高层。他们对自己的需求往往是清晰明确的，敢于大声地讲出来。作为老师，我们能否正确理解我们的学生呢？我们必须知道每个学生都是不一样的，古人讲到"因材施教"，尽管也许现在的条件不完全允许我们因材施教，但能否多看学生的优点呢？

躬身自省四

作为家长、作为老师，都必须掌握良好的沟通技巧。如何才能拥有良好的沟通技巧呢？很简单，做到"人之所欲，施之于人"。拥有良好的沟通技巧，就会有一个和谐的家庭，就会使师生关系非常融洽。当然，做到"人之所欲，施之于人"，就要充分了解对方的性格特质，在我们的仁华数学培训学校，我们要求老师要学会观察学生的行为模式，要掌握学生的性格特质，然后针对不同的学生使用不同的说话方式与之沟通。用个体的眼光去看待学生，而不是用群体的眼光去看待一群录音机。后来，有一个老师告诉我说用这种方法教学真的很好，又轻松，效果又好，还能赢得更多学生的喜欢。

奇迹：用照相养活自己

为了不让家长过多地操心，在高考选报志愿的时候，我没有选择一所家乡院校。读大学在远离家乡的兰州，就像是小鸟飞出了笼子，我可以毫无顾忌地做任何事情，反正父母不知道，他们就不会有那么多的担心。

刚入校军训时就遇上了中秋节，班里要举办中秋晚会，尽管不会说普通话，又没有主持过这类活动（在中小学学校里学生从没有举办过学生自己的文艺活动），但是我依然毛遂自荐担任主持人，并且主持的效果还不错。我的这方面能力被学院里团委领导发现，推荐我去在我们学院特有的与学生会平起平坐的学生组织"社会实践服务中心"，积极参加各类社会活动。随后我又筹款成立了"社会实践服务中心摄影部"，专门在学校为学生照相洗相，这个摄影部一直持续到我大学毕业。而这个摄影部在筹办之前，根本不被看好。因为第一，我完全没有资金，连买半个照相机的钱都没有，更不用说冲洗相片的设备；第二，我自己对照相一窍不通，在此之前根本就没有摸过照相机；第三，以前有人在学校开过照相馆都失败了。对于一个没摸过照相机又没资金更不懂得照相技术的人来说，成立摄影部的难度可想而知了。但是，为了赚取自己的生活费，为了减轻家里的负担，我好不容易抓到一个这样的机会，只能硬着头皮上。通过各种"死皮赖脸"的努力，我竟然勉强筹到了款，

我的人生我做主

通过各种手段学会了照相冲洗胶卷等基本技巧，通过各种关系找到了办公室以及操作室。在我筹办的过程中，给我最大的感觉就是：

一、只要目标在，路就不会消失。

二、人际关系非常非常重要，学习照相、冲洗相片胶卷，是我们学院的高级摄影师免费手把手地教我，我的办公室和操作室都是通过各种关系而没有花一分钱借来使用的。

就这样，通过不断地"折腾"，除了经济收入颇丰，我也有更多的机会参与社会活动，使我比别的学生更早地接触社会、融入社会，也使我有胆量在刚刚上班三个月就辞职下海（当时我是我们市里的第一个辞职的大学本科生）自己干个体户。

躬身自省五

机会对许多人来讲都是公平的，就是看你愿意不愿意去抓，去把握。实际上，一个人在背水一战的情况下，都可以表现出自己果断的一面（也就是我们所说的 D 型性格），努力往前冲。千万不要为自己找借口！任何人都有巨大的潜能去完成自己平时认为根本不可能完成的事情。如果有人问我在大学四年里最大的收获是什么，我会毫不保留地告诉诸位，最大的收获就是：

1. 学会了为人处世。

2. 提高了与人打交道的能力。

3. 开阔了视野，扩展了思路。

4. 找到了我的终身伴侣。

5. 从一个自卑内向的人变成了快乐自信的人。

而在校四年所学的专业知识在我毕业的那一刻就全部还给了学校和老师。

躬身自省六

大学阶段的社会实践很重要，绝对不要放过任何增长见识的机会。我在大学期间的谋生和实践固然很丰富，但是现在回想起来，却只限制在小生意的范畴中，没有真正涉及真刀实枪的商业竞争，这让我在后来的从商经历中有些盲目乐观。

在读书期间，无论学什么专业，都应该抽时间多参加社会活动。书本上的专业知识往往是过时的，只能作为基础使用，我曾经问过一些学习市场营销专业的在校大学生，发现他们所谈的竟然是十年以前的知识！并且是理论性很强的过时知识，完全脱离现实！真正让他们销售产品的时候，他们的水平还不如没读过大学的同龄人。所以，在校大学生在参加社会实践活动的时候，应该多留意这些单位是否有培训，如果这些单位只是提供任何人都可以去做的工作岗位来让你实习，而没有能助你成长的培训的话，这样的社会实践参加与否就不重要了！

挫折：初尝商海咸涩

由于上世纪八十年代人的意识还是比较封闭的，尤其是在西北地区，相对来讲更封闭一些。由于经济条件限制，那个时候，也没有能够走出去到沿海地区看看，没什么见识，用"井底之蛙"来形容也不为过。

大学毕业后，我觉得在学校自己很能干，走向社会也一定行，于是选择了辞职下海。虽然在学校相对于其他同学比较多地接触了社会，但是真正走向社会之时，却发现社会太复杂了，完全超乎我的想象。当时没有资金，所以只能开办一家小小的饭馆，自以为肯定比在单位上班强多了，结果不到一年就倒闭。随后又承包了一个食品厂，没出两年又"蔫"了。很多人抱着"宁为鸡头，不做凤尾"的想法，宁愿自己做小公司的老板，也不愿意沉下心来做大公司的员工。从我的教训中，我认为一开始就想着做小公司的老板往往会限制自己的发展，会把自己束缚在一个很小的圈子里边。等你已经具备了一定的经济基础、有了一定的管理经验和对未来的预见能力、对市场有一定的了解、对管理模式和业务模式有了深刻理解之后，你才算做好了创业的准备。

躬身自省七

学习，是无止境的个人修炼。

要选好的公司，不一定要选薪酬高的公司。很多大学生在实习期间就对薪酬提出了很高的要求，有很多人在找工作时，对工资和待遇很在乎，这固然是人各有志，可是，你是否真正做过职业生涯规划？你找的工作是为了糊口还是为了自己职业生涯的发展？你是为了挣更多的钱还是为了自己的兴趣？如果你是为了自己的兴趣和长远发展，就不要过于计较一时的得失与暂时的薪酬高低。最重要的是找到你的兴趣所在、又符合你的性格特质的工作，只有这样才能充分发挥你的能力，也才能真正有以后的高收入。实习阶段可以不论公司大小待遇高低都要去做，而选择职业发展方向的话，就要谨慎选择，最好选择那些有职业发展机会、升职机会和升职空间的公司，并且这些公司一定非常重视员工的培训与成长。

躬身自省八

大学阶段应培育一个良好的性格，要知道走向社会后不能只靠勤奋和运气。

打工皇帝唐骏在他的自传中提出了成功"4+1 理论","4"指的是勤奋、机遇、激情、智慧,"1"指的是性格。这套成功"4+1 理论"也是大学生走向社会后所必须具备的要素。他还提出一个人只要性格好,搭配成功"4+1 理论"另外 4 个中的任何一个,都能获得成功!他甚至提出"如果一个人在大学阶段什么都没学到,只要做一件事:把你的性格变好,就是最大的收获"。"一个人如果连性格都不想改变(调整),就不要奢谈成功"。

唐骏为什么这么重视性格呢?从他的自传中我们可以了解到,性格对他的人生起着非常重要的作用!建议大家有时间的话详细了解一下唐骏的传奇人生。

大学就是一个社会,而这时候的大学生已经有了自己的世界观和思维能力,此时是培养自己性格的最好时机。第一,没有家长和老师对你那种严重的束缚,你可以用自己的想法来观察世界;第二,你有充足的时间来了解学习性格方面的知识;第三,你有很多的机会来经历"失败",而这种"失败"比你在走出校门以后所经历的"失败"所付出的代价要小得多。

闯荡:旁观人生起伏

走出校门,自以为很了不起的我在走向工作岗位三个月后就辞职想自己独创一番天地,可是现实给了我无情的打击,1993 年我南下广东打工。

在广东打工的三年里,我认识了很多企业界的朋友和老板。这些形形色色性格各异的人,有着各自悲欢离合的境遇,让我对"性格决定命运"这句戏剧学名言有了更深入的思考。

先谈一个初中学历的外来打工者小崔。在打工的过程中，由于小崔学历低（初中文化程度），受到的文化羁绊自然就少，性格又是超级外向，所以他说起话来毫无顾忌，敢说敢为，脸皮特别厚，会把别人的讽刺挖苦当成表扬。甚至还不时会说些大话，因此被很多同行戏称为"大吹"。他的社交能力和沟通能力特别强，在他所工作过的几个公司都有口皆碑。尤其是在深圳的一家贸易公司时，他竟然在马来西亚、香港和深圳的几个有利益冲突的老板之间游刃有余，让这几个老板都认为他不错。后来他自己拿出全部积蓄又借钱在广州创办了公司。由于他大大咧咧、不计眼前一时得失的豪爽性格，虽然在全国各地的客户中有"大吹"的名声，但是大家依然喜欢他，依然愿意跟他做生意。后来生意越做越大，他不仅做贸易，而且自己还加工生产。而和他同时打工的很多素养很高的大学生，当时根本就看不起他，现在却对他不乏羡慕和妒忌，甚至说："要是当初我也自己创办公司，一定比'大吹'强！"但是这些人，直到现在仍然没有行动！

躬身自省九

"性格决定行动"。我们都知道，人际关系就是生产力，人际关系就是财富。像"大吹"这样外向而又有行动力的人，很会处理人际关系，又能及时把握机会。他具有很强的冒险精神，会把那些阻碍他前进的条条框框打破，而先不管这些东西是否正确。反观我们许多高学历者，由于不敢冒险、脸皮太薄、枷锁太多、思考太深，往往会限制我们的发展。因此我们要有所突破，往往需要更关注自己的性格缺失和行动力。

再谈一家企业的老板——老吴，看看他的性格对企业的发展有什么样的影响。这是一家私营企业，东莞某热水器厂，老吴是管理学硕士，非常敬业，事必躬亲。当时在广东的太阳能行业里发展非常迅速，是行业的排头兵，绝对的行业老大，把第二名远远抛在后面。但是这个公司的人员流动非常频繁，招聘员工是家常便饭，优秀员工辞职也不是什么新鲜事。对于一家优秀企业，人员流动如此频繁绝不正常！更奇怪的是，这些辞职的好员工在此工作时间都没有超过半年，即使是老板非常重视的人员，最长时间也不会超过一年。这些人才流失出去后大都成为公司的竞争对手，或者为公司的竞争对手服务。公司被广东太阳能行业戏称为"黄埔军校"，老吴被称为"校长"。

　　当时，这个热水器厂在广东知名度非常高，生产销售形势非常好。在太阳能行业里，从资金、技术、规模、效益等方面比较，全国没有几家能够与之相比。最近十几年以来，我国太阳能产业飞速发展，尤其是太阳能热水器行业发展尤为迅速，按照当时的情况来讲，老吴现在无论如何都应该在全国前五。可是现在全国前二十名都找不到他的影子了！这到底是为什么呢？说他不会管理？错，他是管理学硕士！说他不努力？更错！他非常勤奋非常敬业！

　　这到底是因为什么呢？我简单地对这个案例进行分析，希望对企业主有一定的借鉴作用：

　　从我自己的观察总结来看，当时他的性格特质里边 C 非常高（估计应该在 85% 以上），其次是 D（应该在 50% 左右），而他的 I 和 S 都比较低（应该在 25% 左右）。

　　从这样的性格来分析，首先老吴非常重视产品的品质和做事的完美性，对人对己都要求很高；其次，老吴的性格决定了他对人的关注度很低；再次，他虽然有时会掌控全局，但更多的是非常地追求细节，事无巨细样样过问检查；最后，疑心太重，对任何人都不放心，如果哪个员工没有按照他的要求完成工作或者是去做工作，就会直接毫不留情地批评，甚至想方设法更换你的工作岗位，逼你自动辞职或者是把你开除掉。"不识庐山真面目，只缘身在此山中"，他花了很多的时间去关注细节性的问题，而对企业如何做大做强做长远、如何留住更多更好的人才则考虑很少。

这样的性格，怎么能留住优秀的人才呢？怎么会纵观全局呢？这充分说明了企业领袖的性格特质影响着一个企业的发展与壮大。

当时在管理中还没有对性格进行研究，性格管理对企业管理的重要作用也没有引起大家的重视。如果作为生产的组织者都能充分认识到性格对团队、对管理、对员工的职业生涯发展有着非常重要的作用，我想企业一定能留下更多的优秀人才，能降低更多的管理成本。如果老吴当时了解性格对企业的发展有如此的重大作用，我相信他一定会愿意修炼自己的性格，也更愿意带领他的团队一起修炼性格。

可是现在又有几家企业老板了解性格的重要性呢？了解性格对企业经营有着如此大的作用呢？只有了解自己才能发展自己，只有了解他人的性格，才能真正懂得对方的需求、爱好以及害怕什么、讨厌什么。我们才能与对方和谐沟通。

结尾：手持利器，开始新一轮的探险

2005 年，我进入到林伟贤老师的 Money & You 课程学习，在这个课程里，我第一次接触到了性格学说 DISC，老师告诉我们通

过 24 道题的测试就能够"使自己充分认识自己，报告的准确度会吓你一跳，甚至比你更了解你自己"，我说怎么可能呢？我自己难道还不比别人和机器了解我自己吗？我根本不相信！但是当 DISC 测试报告结果出来以后，真的吓了我一跳，十几页的报表把我从内到外分析得太透彻了，真的是比我更了解我自己。后来我学了 DISC 的相关课程，阅读了大量关于性格解析方面的书籍，发现 DISC 真的是太实用了！自此，我把原来的贸易公司交给别人经营，河南仁华数学培训学校我"只董事不管事"，全力以赴探索和研究性格对企业经营的作用。经过几年的不懈努力研究并结合二十多年的第一线销售经验，总结出了一套完整的行之有效的方案，我把这种方法运用在实战的销售中，竟然产生了巨大作用，使我公司的销售业绩、成交率都大幅度提升，也使我更加确认在销售行业里"性格决定销售"。

"性格决定销售"指的是了解自己的性格，并根据客户的性格进行销售。首先要充分了解自己，只有了解自己才能真正地发展自己；其次要了解客户，只有了解客户才能根据客户的性格进行有针对性的沟通、谈判、销售和服务。以前我不了解性格对销售会产生什么样的作用，走了很多的弯路，也付出了很大的代价，因此我非常愿意把这种行之有效的方法传播出去，让更多的有缘的战斗在第一线的业务员在销售的时候快速提升业绩。

2008 年 9 月，我给某个品牌的空调专卖店进行了一次培训。培训之前，他们的销售基本上是按照统一模式为顾客详细讲解空调的性能、规格、耗电、性价比等一大堆内容，培训之后，他们是这样反馈的：

赵老师，你好！

首先感谢您对我们进行的有针对性的销售培训！

参加培训结束以后，首先我们按照你教我们的方法，总结了各种客户的最明显特征，制定了几种不同的说话模式，针对不同的顾客说不同的话，然后我们自己再练习，经过努力，说话也非常流利自然，这段时间成交率至少提高了 40%以上，相信以后还能提高的更多。客户对我们说的话也有兴趣听了（因为我们知道不同性格的人爱听什么话），也再没有踩客户的地雷（因为我们知道他最忌讳什么）。与客户交谈的时候，双方都很愉快！

有一次当我们看到一个顾客进门的时候，我们就根据您教我们的方法看他的步伐快慢、说话声音大小、声调、着装打扮、站姿、手势等方面对他进行初步判断，然后通过几句话加以验证，基本上判断他是一个 I 型性格的客户，在销售的时候，我们就着重强调这个空调代表着流行趋势，非常前卫，也告诉他一旦别人看到他家里有这种彩色的空调，一定会投以美慕的眼光，一定会得到朋友们的赞赏："哇，那种感觉太棒了，况且，这种空调制冷效果又这么好，在炎热的夏天带着朋友到家里，空调制冷的效果那么快，朋友会多么美慕你选择了这么好的这么漂亮的空调呀！"随后我们又告诉他这么漂亮的空调一定要装在特别醒目的地方，然后他就大谈特谈装在什么地方合适，我们在交谈的过程中始终保持着快乐和有趣的感觉，并且根据他的性格特征又多问了一些他感兴趣的事情，没想到他特别健谈，最后确定购买的时候非常爽快，连讨价还价基本上都没有！太棒了！下班后我们

217

就进行了总结，如果我们不了解、不能正确判断他的性格，很可能还按照原来的那种销售方式进行讲解，而这次我们根本就没有给他讲空调的许多指标，只是给他创造了一种愉快的氛围，谈了很多安装以后的良好感觉，让他充分去想象那种良好的感觉，没想到这么快这么容易就成交了！现在我们每天销售结束以后都要总结，尤其是对客户的观察判断方面。研究客户的行为模式来判断客户的性格，按照他的性格进行销售，真的太有用了！

谢谢！

DISC 报表的巨大作用是很多人没有认识到的，尤其是企业的领导们。有一次，在给某银行做理财产品销售培训的时候，看到一份名叫刘东（化名）的报表比较特殊，经过了解知道刘东是他们银行的业务骨干，我们就给他的上司建议尽快找他谈谈，因为从报表上看到的是刘东有辞职的可能性，但是他的领导说不可能，刘东工作一切正常，银行那么重用他，怎么可能呢？但是我还是告诉他的上司，最好找他谈谈，并且这种辞职的理由有可能是他的工作没有挑战性、没有压力（因为他的测试报表表现得非常明显）！同时我们与他的上司进行了很长时间的交流，针对刘东的性格特质设计了谈话方案。培训结束后第三天，他的上司打电话给我说，如果没有我的提醒，他们真的很可能失去一个优秀人才，原来他的上司找刘东谈话了解情况，确实是他准备写辞职报告，有别的银行给了他更有挑战性的位置。然后根据我们的建议和工作岗位的要求，给刘东作了适当的调整。

通过这件事，也给了我很大的启发，平时我们领导在管理员工

我的人生我做主

的时候，看到的往往是表面现象，内在的往往是不容易观察到的，而这些内在的东西又常常起着重大作用。我在与很多企业老板就有关如何管理员工的话题讨论时，大部分也是很无奈，从表面上看是非常正常，工作非常努力，即使是下午下班的时候突然递交辞职报告，但是在上班的这一整天时间里，你仍然看不出他有任何变化，越是优秀的人才越是如此！而从他们的辞职报告辞职理由上来分析，好像辞职理由与公司没有任何关系！并且，他一旦递交辞职书，你就很难再挽回了，如果是一般人员的话倒也无所谓，最难挽回的是那些优秀人员。虽然这些人员出去以后仍然保持着良好的关系，但是培养一个优秀人才实在是太难了！损失实在是太大了！许多老板为此伤透脑筋，实际上，只要把性格管理灵活运用在企业管理中，基本上就可以解决这些问题，而性格的管理与运用成本很低很低，效果却很大很大！各位企业家老板不妨先试一试 DISC 测评软件，也许能让你看到一种神奇的效果，因为这个软件的众多功能和巨大作用会超乎您的想象！

下面有一组数据值得所有企业老板认真思考，这数据由万宝盛华（中国）及 Right Management 公司在 2006 年 5 月合作完成：

75% 的人力资源经理认为员工跳槽的原因是因为别处有更好的薪资和福利，而在实际原因中这个原因占 15%。

32% 的人力资源经理认为员工跳槽的第二原因是升职机会和空间，实际上有 43% 的员工因为这个问题离职。

57% 的人力资源经理认为员工跳槽的第三原因是职业发展机会，实际上有 68% 的员工是因为这个问题离职。

219

从以上数据可以分析出来，跳槽的主要原因是职业发展机会、升职机会和空间。而这些原因往往员工是很难告诉老板的。如何探究这些问题呢？只要你掌握性格理论实践运用，借助 DISC 这个测评工具，这个问题基本就解决了。

附：实战案例

这是 2009 年上半年在某银行客户经理培训现场（七十六个学员）的过程中出现的插曲。我在讲性格如何影响销售与成交的过程中，学员直接让我在现场把基金销售给他们的一个过程。在这个过程中，客户经理两个人，刘经理 I 型性格非常明显，张经理 S 型性格非常明显。经过了解，他们以前经常向客户推荐 3～5 年的基金。他们暂且就是客户（以下简称"客"），我作为销售人员（以下简称为"销"）（寒暄过程省略）——

销：你好，二位非常清楚钱存在银行里边不但不能增值，还会贬值，您说对吧？

客：对。

销：大家对资金的安全和增值都非常重视，如果有一种理财产品既能增值又非常安全，从长期来看，收益又非常大，而且平时又不用操心打理它，二位一定愿意花上五分钟时间来了解一下，您说对吧？

客：对。

销：二位的收入比较稳定，如果每个月从你们的工资中扣除一千元钱来理财的话，一定不会影响您的正常生活，不会影响您的家庭和睦，您说对吗？

客：对。

销：来，我们先做个假设，按照零存整取的方式每个月假如存款两千元，连续存款二十年，本金共计四十八万，请问，到第二十年年底的时候，您的存款本息合计会有多少？假如年利率2%。

客：那要算一算。

销：我计算过了，本息合计594800元

我给他们列出算式：

1. $2000 \times 12 = 24000$ 元；$24000 \times (1 + 2\%) = 24480$ 元（第一年本息）

2. $(24000 + 24480) \times (1 + 2\%) =$（第二年本息）

3. 20年后，本金480000元，利息114800元。

4. 合计本息594800元

客：差不多。

销：假如到第二十五年年底取出来，后来的利率按照4%计算，共计723665元。这个你们认可吧？

客：是。

销：如果我们每个月只用一千元买基金这个理财产品的话，连续二十年，我们总共投入二十四万，你们想想到第二十年年底的时候会有多少？

客：可能会跟每个月存款两千元的结果差不多吧。

销：不一样，如果您每个月投入一千元做基金定投，红利转投，连续二十年，到第二十年年底的时候，保守总收益至少756027元。

客：不会吧！（为什么？）

销：很简单，从全球基金统计出来的结果来看，如果把基金放在一个较长的时间段来分析（15～20年），基金的年收益率都在10%以上。（我给他们分析了台湾和美国的长期基金收益率）

我又给他们列出算式：

1. 1000×12＝12000，12000×(1＋10%)＝13200（第一年本息）

2. (12000＋13200)×(1+10%)＝（第二年本息）

3. 20年后，本金240000元，收益516027元

4. 总计756027元

客：这么多，没有想过。

销：假如到第二十五年年底取出来，你们想象会有多少？1217590！一百二十一万多！刘先生，您想想，当你退休以后，你手中除了您的退休工资以外，至少还有一百二十多万元，那个时候你有什么样的感觉？多少人羡慕你呀！那个时候，你就完全可以以你的经历向全世界宣布，当初您做的这个决定是多么的正确呀！张先生，你想想，那个时候，带着家人到处旅游，您的家人是多么幸福！你完全可以想到，您的孩子多么为你自豪！二位，这么好的理财产品，现在不就是您作出决定的最佳时刻吗？

客：是！

销：现在只需要您填个表就可以了。刘先生，您一定会为您的这个决定感到自豪和骄傲！当您告诉别人您的这个决定，他们一定会觉得您太了不起了。张先生，您的家人一定

会认为您为他们做了一个最好的决定！他们一定会觉得你对他们太好了，他们觉得太幸福了！您说是吧？！

客：是是！

销：来，刘先生，我来替您填写，请您签个字就行了。张先生，按照我这样填写就行了。

附：赵彦平先生的 DISCUS 性格分析报告

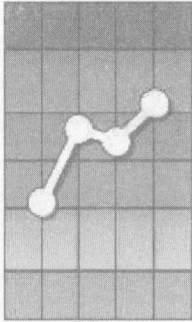
DISC

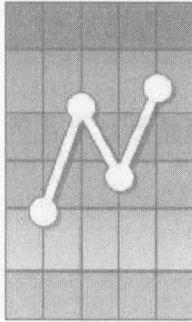
DISC

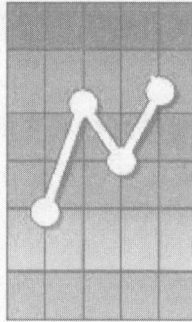
DISC

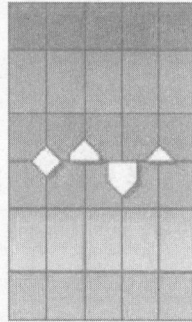
DISC

内在分析表

内在分析表的最高点，代表着你最自然真实的内在动机和欲求。这种行为之所以常在你处于压力时显现，是因为你没有 " 空间 " 或时间调整行为。

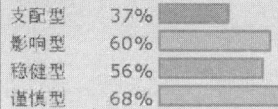

内在因素	
支配型	37%
影响型	60%
稳健型	56%
谨慎型	68%

外在分析表

外在分析表描述应试者认为自己应呈现的理想行为。这种图形通常代表个人试图在工作中采用的行为类型。

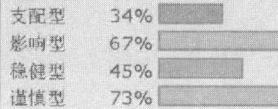

外部因素	
支配型	34%
影响型	67%
稳健型	45%
谨慎型	73%

总结分析表

真实世界里，应试者通常会表现出与内在分析表（直觉行为）及外在分析表（视现状调整的行为），这两种分析表一致的行为。总结分析表是这两种描述个人正常行为图形的综合。

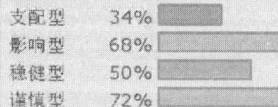

总结因素	
支配型	34%
影响型	68%
稳健型	50%
谨慎型	72%

转换模式

转换模式图形显示应试者的内在和外在分析表之间的改变，并凸显应试者正在进行的性格调整。

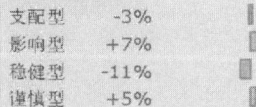

分析表转换	
支配型	-3%
影响型	+7%
稳健型	-11%
谨慎型	+5%

　　彦平行事作风的主要特征是能同时保持对人的感性和对事情的理性。这样的行事作风特别适合一种职业，那就是——教师。他们需要保持对真理的客观传承以及对学生的人性关爱，并且在讲台上以富于感染力的方式教育下一代。一般人没有经受过训练，很少同时具备高 I 和高 C 两种截然相反的特质。高 I 能以一种活泼的方式与人交往，高 C 则关注事情，坚持规律和标准。

　　彦平处理事情的时候希望能得到各方的支持和帮助，而不倾向于独立完成。因此他会在行事前收集尽量多的经验和模板，集众人的智慧为自己所用，绝不闭门造车。但这也意味着他关注别人的想法和评价，有时候会影响到他自己的决策和表现。来自朋友以及整个组织的援助对他而言非常重要。他无法在敌对的立场或环境下坚持自己的决策。

　　彦平与人沟通热情友善，因为他时刻保持着对人的敏感性，因此能照顾到每个人最细微的需求，而显示出绅士的一面。但这种敏感性有时候也会成为他的负担，他对于旁人的攻击缺乏抵抗力。

　　管理作风上，他注重在分配任务和做出要求时与部属进行充分的沟通。既能保持公平客观的处事作风，又能适时关注员工需求，因此深受爱戴。但他不善于面对利益冲突，一旦遇上冲突，他会感到很大的压力。这时，需要给他更多的鼓励和支持。

一颗感恩的心

郑嘉仪

（金融业客户服务与培训专家）

编者按： 别看嘉仪个子小小，但很有主见，给人外柔内刚的印象。她总是若有所思地听着别人谈天说地，耐性十足。尽管话不算很多，但是双眼能传递给大家额外的信息，因此并不容易被忽略。懂得聆听，让她即使从寻常的闲谈中，也能比别人得到更多的信息。

嘉仪没有"掏心掏肺"的习惯。表达内心表现自我，对于有些人来说是家常便饭，对于有些人来说如火中取炭。当然，后一种人，很少活跃于台前，常常不在大众的视线范围内。但是这不代表不存在，实际上这些喜欢静静思考默默耕耘的人，往往是推动社会发展的主力，在各个专业领域中发挥着巨大作用。

今天好不容易揪住嘉仪，逼她写一些东西出来。她还怯生生地要求说能不能不给照片，真是低调得可爱。虽然我们能看出她行文间的吃力，仿佛一边写还一边犹豫什么该说什么不该说，但不用怀疑她的真诚。她在尽力向我们传授着自己的人生体会和领悟。

我的人生我做主

家庭：教我常怀感激

自小在一个完整的家庭长大，感谢家人一直的支持和给予我充足的自由空间去选择想做的事情。

从家人身上学习如何感恩，如何知足常乐，在自己的能力下帮助他人，也从中明白到"施比受更有福"的道理。同时最喜欢这样一句座右铭："心开运就通，运通福就来。"

家人时常提醒，每个人都有不同的特质，不用羡慕他人及与他人比较。只要抓紧机会，不断学习，成功就是指日可待的。

"别人骑马我骑驴，看看眼前我不如；回头一看推车汉，比上不足下有余。"

在成长过程中，即使我不是最聪明的一个，但勤奋、持续力和喜欢帮助他人的性格也能帮助自己改变未来。

很幸运地，在我的人生成长阶段中能遇见和结识良师益友，有些朋友更是念幼儿园已经开始认识。

总觉得朋友是人生重要的资产之一，从他们身上学习到用真诚的心对待朋友和互相帮助的精神，足以影响我们未来的性格、习惯与命运。

生命：处处良师益友

提到良师益友，其中有一位最让人尊敬的长者——吕太太，她给我无限的鼓励、信任和支持。

我在一个长者义工服务中心时与她相识，一开始只是帮她买日用品和家庭访问。经过一段时间的相处，我们逐渐成为好朋友。她经常分享她的故事、历史、投资、储蓄的经验，以及如何待人处世、互助互爱、人生目标等等。她也有自己喜欢的座右铭："存好心、说好话、做好事、广结善缘"和"善得人喜，恶得人离"。对年轻的我来说，真的获益良多。

与她相识十数载，我视她为亲人。在 2008 年，突然收到她离世的消息，瞬间觉得生活失去了重要的一部分，心情不免郁结。经过很多一段时间，我才能接受事实适应下来。

生命本无常，很多的事情是不可预测的，所以最重要是活在当下和珍惜您所拥有。

她的离世，也算是给我一记当头棒喝，我的生活从此有所改变——变得更积极、更踏实。感谢她给我难忘的回忆和教导，希望我能将她的教导和曾经生活在这里的痕迹延续下去。

故事：方式不同结果不同

吕太太喜欢说故事，我自然也从她说的故事里，学到许多人生哲理。

以下是一则她讲过的故事，主角是服装设计师和她的助理。

一位服装设计师，设计了四件衣服给四位顾客。在同一天，这四位顾客来试衣服。

第一位顾客试完套装后，微笑着说："不错，半天便完成了这个套装。"设计师笑着回答："今天的首要目标是必须完成此套装，为了让贵客在明天出席重要会议时能穿上，设计时也充分考虑到要大方得体呢。"顾客听了，微笑点头地离开了。

第二位顾客试完外套后，顾客照照镜子说："外套挺好看，就是有点太短。"设计师笑着解释："短外套，使您显得有精神、活泼和时尚感。"顾客听了，很欢喜地离开了。

第三位顾客试完裙子后，顾客便说："裙子还是有点长。"设计师笑着解释说："裙子长了一点点，可以显出您含蓄、保守的性格，更能符合您在银行工作的需要。"顾客听了，很高兴地离开了。

第四位顾客试完晚礼服后，顾客一边付账便说："用了挺长的时间来设计这晚礼服吧？"设计师笑着解释："为贵客设计一件手工细致的晚礼服，多花点时间是必要的，它必须能充分散发您的高雅形象和独特品味。"顾客听了，很满意地离去。

当四位顾客走了之后，在场的助理便问："设计师，为什么无论您怎么说，顾客都会很认同？"

设计师笑着说："了解每个顾客不同的需求，用同理心应答，多与顾客沟通，多说赞美的话，就能设计顾客喜欢的服装，自己也能从中得到鼓励！如果遇到一个不那么认同你的顾客，讲话只要谦和委婉，多从正面发挥，顾客不仅不会不喜欢你，还可以化敌为友。平日里做事，说话方式不同，出来的结果也会不同。所以，话到口边留半句，做事处处让三分。不仅要会做，也要会说。"

助理听了设计师的分享，从此更加用心学习。几年后，终于成为独当一面的设计师。

回想这故事，这四位顾客性格各异，但她们却都只是在试衣的过程中得到一点点确认。每一个人在镜子面前，首先看自己感觉是否好看，接下来一定会征询旁人的意见。得到肯定回答之后，大部分人还会希望得到一个侧面验证的信号，坚定自己的信心。但是不同性格的人，在旁敲侧击的时候，会采取不一样的态度，有些人用肯定的语气，有些人从负面的角度，有些人赞美有些人试探。无论如何，他们希望的都是正面的回应。

知交：得来不易，自豪不已

每个人的一生中，天天都会有好多人擦身而过。认识一个人很容易，在公众场合交换一下名片，大家便可能成为朋友。

有些人会问，为何这么多成功的人，却没有遇上一辈子的好朋友；相反，不少平凡的人却能拥有终生为伴的知己良朋？

如何寻找这些一辈子的好朋友呢？让大家在生活、工作中互相支持。就算遇到意见不合，也只是对事不对人，无论顺流逆流，这种好朋友会不离不弃，始终支持和鼓励对方。因为大家不仅能互相交流，互相学习，更能互相尊重及互相信任。

曾经看过一篇文章，提到好朋友扮演的角色：

> 好朋友就是即使只有一点小感动，一点小事情都想一起分享；
> 好朋友就是当你抱头痛哭的时候，扶着你肩膀的那个人；
> 好朋友就是当你面对人生挫折时，一直紧握你那双手的人；
> 好朋友就是无形中伴你走过风雨，是一种永远支持你的力量。
> 好朋友时常给予你正面能量，就算在一个不好的环境，
> 也会有正面的思维，带你冲出困局。

很高兴在读书时，我能认识到不少好朋友。大家毕业后，各自发展，各有各忙，都未必有时间时常与好朋友见面、谈天，但无论

多忙，大家也记得保持联络，利用电邮、电话短讯、每月聚会、逛街遇上适合好朋友的物品时，也立即通知对方……

而我们最爱听的歌曲便是无印良品的《我找你找了好久》，它的歌词真正代表了彼此真挚的友谊：

> 可以彼此分享得意骄傲，不担忧谁的心里不是味道。
> 可以传染给你心情不好，连说一个理由都不需要。
> 可以直来直往提醒劝告，就算争吵也都是为对方好。
> 可以和你商量秘密苦恼，不害怕全世界都会知道。
> 我找你找了好久，一个互相了解的朋友。
> 生活有人分享的时候，快乐就变得容易许多。
> 我找你找了好久，一个拿心来换的朋友。
> 伤痛有人抱紧的时候，未来有什么路不敢走。

如果问我最感到自豪的是什么？那便是遇上知心好友，得来不易！感谢各位好朋友一直的支持和关怀。

工作：赢得客户嘉许的秘诀

从事金融客户服务多年，最初我只是负责后勤工作，但从去年开始，我的工作性质变为面对面接触客户和培训的工作。对我来说这是一个很大的挑战，因为我不是一个能言善辩的人，不擅长公开演讲，但在不断的努力下，已有良好的改善。

我要感谢以前的同事、现在的老板、同事和客户，他们给予我很多机会和协助。以前只认为自己只善于后勤工作，但从现在的工

231

作中，明白到只要肯尝试、有信心去改变自己的心态，我就能做到，奇迹就会出现。

我一直觉得用关怀、真诚的心来倾听客户的需求，站在客户的角度来了解事情，就能得到他们的认同。因此，许多客户现在已成为我的朋友，这对我来说是一种莫大的鼓励与动力。

在工作中，每一天都有不同的突发状况出现。时常记住"工作要赶而不急"，追求效率、速度要快、进度要赶，但是工作的态度及心情不能着急。

有一次，客户必须在当天完成交易，但是她早上发现失去了密码信件，不能完成网上交易。当时我记住"工作要赶而不急"，因此更冷静地去想如何解决这件突发事情。一般来说客户都要在几天后才能收得密码信件，但客户如何在当天能收得密码信件？幸好得到其他部门的协助，客户在当日的下午就收得密码信件，完成了交易。客户很感谢这次的特别安排，公司的专业形象也在他的心里有了不少提升。

有时遇到愤怒的客户，不妨慢一点做反应，可以在事情发生与自己做出反应之间保留一点时间。从而耐心聆听客户说出的不满，有助解决问题。

如果每个人都能学会慢一点做反应，大多数的吵架、冲突、争论与其他会造成压力的事就都能够避免了。

大家可能已经注意到，当一个人开始觉得生气时，大多数的实时反应会产生火上浇油的效果，最后伤到大家或其他牵涉到的人，那些愤怒的客户会更愤怒。

但是，如果各位能够延迟一下你的反应，"停一停、等一等"，给自己一点时间深呼吸一下，留一点点空间，那种怒气、恐惧或其他不好的情绪就会很快地消失不见了。

最后，有些事情在前一分钟看起来还蛮恐怖、愤怒的，过一阵子看起来就没那么可怕，没那么让人恼火了。

要成为专业客户服务人员，以下是其中一些重要元素，可以助你赢得客户的嘉许：

> **建立长期合作信任的关系；诚实正直；专业能力，不断进修；信守诺言；受客户欢迎；注重电话礼仪；感谢客户；关心客户的需要，真正关心客户，客户才会关心你；了解客户的性格和适应客户沟通风格。**

一家成功的企业，管理层一定要知人善用，将合适的员工放在合适的职位，令客户感觉到温暖，这样业务才能再上一层楼。

结尾：关于"说"的智慧

最后，想送上这篇网络文章作为总结：

> **急事，慢慢地说；大事，清楚地说；小事，幽默地说；**
> **没把握的事，谨慎地说；没发生的事，不要胡说；做不到的事，别乱说；**
> **伤害人的事，不能说；讨厌的事，对事不对人说；**
> **开心的事，看场合说；伤心的事，不要见人就说；**
> **别人的事，小心地说；自己的事，听听自己的心怎么说；**
> **现在的事，做了再说；未来的事，未来再说；**
> **如果对我不满的地方，请一定对我说。**

附：郑嘉仪女士的 DISCUS 性格分析报告

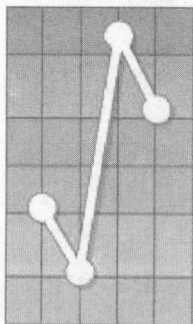
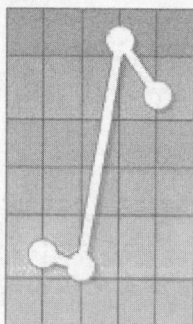
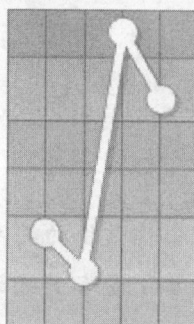
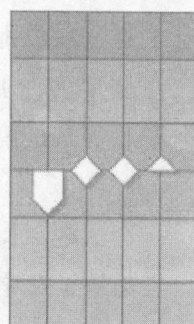

| DISC | DISC | DISC | DISC |

内在分析表

内在分析表的最高点，代表着你最自然真实的内在动机和欲求。这种行为之所以常在你处于压力时显现，是因为你没有"空间"或时间调整行为。

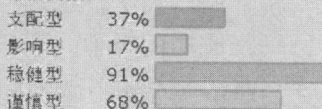

内在因素
支配型　37%
影响型　17%
稳健型　91%
谨慎型　68%

外在分析表

外在分析表描述应试者认为自己应呈现的理想行为。这种图形通常代表个人试图在工作中采用的行为类型。

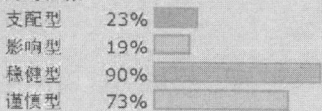

外部因素
支配型　23%
影响型　19%
稳健型　90%
谨慎型　73%

总结分析表

真实世界里，应试者通常会表现出与内在分析表（直觉行为）及外在分析表（视现状调整的行为），这两种分析表一致的行为。总结分析表是这两种描述个人正常行为图形的综合。

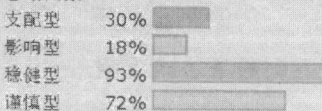

总结因素
支配型　30%
影响型　18%
稳健型　93%
谨慎型　72%

转换模式

转换模式图形显示应试者的内在和外在分析表之间的改变，并凸显应试者正在进行的性格调整。

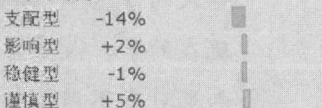

分析表转换
支配型　-14%
影响型　+2%
稳健型　-1%
谨慎型　+5%

我的人生我做主

234

　　嘉仪有着非常有条理而又懂得体谅别人的人格特征：会为他人着想，有耐心而且做事有系统。她喜欢在幕后扎实地工作胜于直接站在舞台上，可以想见嘉仪必然会因为害羞而避免成为人们目光的焦点。但如果真的被推上舞台，嘉仪不见得不能胜任，因为在她一贯以来对自己的高标准要求的积累基础上，无论做什么，她都会要求自己保持在一定水准。当她必须主导事情时，她会秉持着有组织有系统，有理有据的作风以及谨慎的决策作风。

　　在社交场合中，嘉仪倾向于等待别人向她走来。除非对方非常明确地在与她对话或者征询她的意见，否则她不会轻易"插嘴"或者表明观点。更不会引导话题，成为"主持人"。但这并不是说她个性清高。她内心重视与人交往，但却对自己营造这种关系的能力缺乏信心。这是中国女性的普遍情况，但在嘉仪这里，特别之处是一旦你发出友善的信号，她会第一时间想去呼应，可是她实在羞于去说一些华而不实的恭维话，而更可能会频繁对你的观点点头肯定或者主动地为你做一些力所能及的事。但是如果她真的不认同你的观点，绝不会虚伪赞同，而会流露出明显的疑惑表情。因为她是一个"较真"的高 C 啊。

一路风景，跌打滚爬

王煜贤

（常德福民老年公寓总经理）

编者按：第一次见王煜贤先生，一位电视台编辑介绍说："这个小伙子了不起，一个人就能销售一个亿呢，还是个体消费品，不是走渠道。"当时我还带着怀疑的态度，审视着这位穿着中式外衫，又瘦又高的先生，以为又是夸夸其谈的家伙。后来渐渐熟悉，煜贤为我们开启了一扇全新的门。说实话，尽管我们清楚这个社会的价值很大一部分源自销售，但出于个人的劣根性，心底却是始终害怕和抗拒销售的。

在编者的有限阅历中，煜贤是第一个真正热爱销售，并且乐在销售中的人。他开心地向我们描述，他是如何被客户摁住脑袋往墙上撞的，而这个客户最后又是如何被他感动的。那种自豪的成就感让他看上去就像从火星来的一样。

他的坚韧乐观和积极进取，让我们自觉像个"遗老"，散发出酸腐的气息。近来一个观点在社会上大热，那就是："这个社会上充斥着有才华的垃圾"。在王煜贤这种实干家面前，我们都自动把自己归入"有才华的垃圾"一类。终我一生，可能都很难像他那样不屈不挠，正面积极地去奋

我的人生我做主

斗，去热爱自己的事业，去热情地对待身边的每一个人。

与其抱守着自己的矜持、自傲和冷笑，看着别人成功，不如进入煜贤的世界，看看他是如何从身无分文到销售过亿的，也可趁机解答一些心中的疑惑。

童年：换过十八位小学老师

"天行健，君子以自强不息！"

我出生在河北省一个很普通的农村，父母都务农，爷爷参加过革命——还好，带着命回来了。在我两岁时添了妹妹，就一直跟着爷爷奶奶住在一个四合院里：左边房是爸妈，右边是爷爷奶奶。父亲兄弟姐妹六个，一个大伯、一个叔叔和三个姑妈还有我父亲，分家时，奶奶说："谁分到老房子，我就跟着谁住"——幸运的是，我们家分到老房子，因此我的童年便有了爷爷奶奶的相伴，一直到上高中。爷爷几乎一有时间就给我讲故事。其中，有一个叫"傻小子学巧儿"的故事是我的最爱。上初中时，碰上班上开故事会，我还因为讲这个故事得了个奖。那是我第一次站到讲台上，当时双腿就像不是我的了，一直在抖个不停，我的故事也就在颤抖的声音中结束。尽管这次得奖可能大部分要归功于故事本身的精彩，但从此我喜欢上了舞台。

一般人只有一个家，而我幸运地还有另外一个家——我的姨妈家。姨妈是我们当地非常有名的外语老师，以前教的是俄语；姨夫也是我们当地的"能人"，住在县城。我只要遇上放假，就去那里玩，经常一住就是一个月，有时过年也赖在那里，姨妈待我极好，每年都给我买一身新衣服。就这样，我的童年得到这么多人的关爱，幸福地长大了。

六岁那年，我走进了校园，开始学习生涯。小学时，让我记忆最深的是我们一共换过十八位老师。可能因为是农村，教学条件差，我们经常没有老师教，只能自己自习。学校勉强找来老师，这个老师带几天，那个老师带几天，直到五六年级老师才算固定下来。有一次语文老师叫我们读拼音，黑板上写的是"mian 兔"，老师带我们读"mian 兔"，把"兔"读成"兔"，我们哄堂大笑，后面还坐着学校听课的老师。就这样我们一次又一次地换老师，长大以后别人问我："你还记得你的小学老师吗？"我是真没一点印象了。

刚上初中那会儿，因为我的顽固鼻炎，所以三天两头地请病假，一年里都没有用心读书。初一结束时，我的成绩自然就是数一数二的，不过是倒数。父亲托关系请校长吃饭，希望让我能从头再来。于是，初一我读了两次。

记得有一年春节假期，只顾着玩，到了快开学时，一门作业都没做。我抓破脑袋，思来想去该怎么度过这个危机。终于在开学前一天，我把同村不同年级的玩伴召集到我家帮我写作业，有写作文的，有做数学、政治、地理、历史的，自己坐在一旁玩游戏机，当然我也奉献了好多零食，一直做到凌晨三四点才全部做完。这不是一件值得学习的事，但从另一方面，也让我认清了为别人而学终究是种敷衍，更让我看到了组织的力量——一个看似一个人很难完成的任务，通过组织、利用群众的力量就很容易达成。这是课堂外的学习成果，更是人生的宝贵经验，它第一次让我懂得，学习不限于书本、作业，更不限于传授的知识本身，更多的时候，它是一个微妙的过程，就像你投一粒石子在水面激起的涟漪一样。那一次后我就再没做过作业，直到高中毕业。

　　小学到初中我一直带班级钥匙，因为我来的比较早，在我的记忆中，从没迟到过。上初中时我还经常是整个学校到的最早的，记得有一次到时天还没亮,学校大门还没开。那时我养成了守时的习惯，这对我以后的人生影响很大。

　　我们家没出过大学生，我是长子，寄托了父亲的希望，可我高中没有考上，别人都劝我爸妈说让我去打工算了。父亲承担了很大的压力，最后还是借钱让我读自费到我们县最好的高中。那时我们那个地方的人观念都还很守旧，都是希望以后在家附近找一个好工作，守在父母身边，俗话也是说"出门一日难，在家千日好"。但我的心比较野，向往外面的花花世界，父亲是我唯一的支持者，他希望我能到外面闯一番事业，我也知道我的身上承载着几代人的希望。在我读书的几年中，不管家里如何穷，只要我提出的，父亲都能做到。初中时我们刚学英语，老师提倡买录音机，父亲第一个给我买当时最好的熊猫牌，黑色的，结果成了我听流行音乐的最佳搭档。上高中时我开始了寄宿生活，生活费是每星期回家取的二十元。有几次回到家父母却一分钱都没有，父亲还是对我说："没事，明天早上走时给你。"等我睡着以后，父亲一个人在家里找一些废铁，第二天一早到回收站卖一些钱来给我生活费，我看在眼里，泪流在心里。那一年父亲在两个工厂里没日没夜地打工，就是为了给我挣读书的钱。在我眼中他从来没有抱怨过，真的很感谢老天让我有这么好的父母，感谢父母的养育和教导。

　　可是我愧对父母的期望，在学业上没能实现父亲的愿望，这也就是我工作后这么爱学习的原因。由于高中成绩也是一直不理想，高三会考过了就没再读书。当时叔叔是我们村的一个小建筑队的包工头，正缺人手，看我在家一直没什么事做，就和父亲谈，让我去他的工地，我也就这样干起了我的第一份工作——做民工，做起搬砖和泥的事。一天三十元，一共做了二十七天，拿了八百一十元，这是我第一次赚到自己劳动赚来的钱。那是 1999 年的夏天，我十九岁。

当兵：学会绝对服从命令

那一年的秋天，乡里来征兵。在我们家乡走出家门就两条路，第一是上学，第二是当兵。第一条路没通，就只有走第二条路了。因为我们家乡没有直接出去打工的，考上大学就出去了；没考上的就在家里附近打工，然后就是结婚生子。初中毕业我读完了古龙、卧龙生、金庸的所有著作；高中毕业我读完了卡耐基和拿破仑·希尔的所有著作。于是，我相信自己未来一定会很成功，还会有自己的一番事业，走出去才能实现我的梦想。当兵自然就成了我通向大城市的通道。在各项指标都合格的情况下很顺利就走上从军路，我的人生从此改写。

在去参军时，父母、叔叔、三个姑妈，还有姨妈他们都来送我上北上的火车。看着一个个熟悉的面孔，激动的心已经忘记了离别的感伤。晚上到了北京西站，那是我第一次到北京，由于是晚上，也没看清楚北京啥样，下了火车我们就匆匆乘上汽车，只能望着城市的灯光远去。汽车驶入崎岖的山路，心情由原来的激动变成了好奇，路很长，不知不觉睡着了。凌晨两点到了营区，一下车就听到欢迎的锣鼓声。很快，我们被分成小队，几个老兵把我们带到房间，安排了床铺，他们还给我们打了洗脚水——完了，和我来时听家里人说的一样，刚到时老兵对你很好，以后就麻烦了。不过那时已经开始文明带兵了，不允许打骂新兵。第二天一早我被起床号叫醒，部队的生活从这一声军号声中开始了。上午我们分了班，我被分到新训三中队四排十四班，还是排头。后来才知道这是我们部队后勤基地，在北京密云的一个山区里，隶属武警总部。

三个多月的新兵连经历发生了很多让我难忘的故事。我从小有美术天赋，在家里和学校没有发挥空间，在部队可为我增了不少光呢！我们每周要出一次板报，那自然是我的专利了。那时，我们新训三中队有十六个班，两百多人，经常搞板报评比，我们出的不是第一就是第二。我还发明了一种新的画法，用胶水作画，再把彩色粉笔研成粉，吹到胶水上，这样画出来的就有立体感。我们整个新兵连在春节时搞了一次书画比赛，我的素描还得了个二等奖。最难忘的当然是授军衔仪式，戴上军衔才可以算是一个合格的武警战士。新兵男六百多，女一百多（女子特警队），要选出两名男兵、四名女兵当代表，在所有新兵大会上由我们武警总部的将军参谋长亲授军衔，幸运的是我被选中成为新兵代表。那是我第一次走上近千人的舞台，走到将军面前先是立正敬礼，一个戴着金星的少将亲自为我戴上，那一刻我不知怎么用语言来形容内心的激动。

2000年1月16日，一个星期天上午，休息时，我想上厕所，跟班长请假，班长只给我一分钟时间。怎么可能？厕所在后山，距离宿舍来回路程就要十分钟，一分钟？我没放在心上，回来路上还遇到了老乡聊了几句。

结果回到宿舍看到班长坐在床上，看看表又看看我说："二十九分钟，蹲下！"

我立刻就蹲下，但嘴里却说个不停。

班长接着说："哪有那么多借口！"

我还是讲个不停，说了好多理由，班长就用脚踢了我一下，我倒在地上。

"蹲好！"班长说。

我张嘴又要讲，看到班长的脚又过来，虽然不服气但嘴巴还是马上闭上，好汉不吃眼前亏嘛！

班长问我："服气吗？"

我说："不服气。"

班长说："起来做俯卧撑，直到我说停再停！"

他跑去看书了，我一个人趴在地上边做边想，怎么也想不明白，时间、距离，怎么可能？就这么边做边想，慢慢地明白了一点，班长讲的就是命令，没有借口。时间就这样过了一个多小时，几次趴在地上两个胳膊酸得不行了，实在顶不住了。

我说："报告，我想明白了！报告，我想明白了！"叫了几声班长没理我，我的声音更大了。

班长说："叫什么叫，我没让你停，再做五百再说！"

那时已经是汗流浃背，490…495…497…499…500，一下趴在地上，双手放在身体两边，气喘吁吁地大声叫："报告班长，做完了！"

班长问我："想明白了吗？"

我大声说："报告班长，想明白了！"

班长说："起来吧！"

我一个转身躺在地上，深深地吸一口气，这是我人生最有意义的一堂课：一个上午，一句话"没有借口"，一身的汗，一生的铭记。

从那以后在我的字典里永久删除了"借口"。以后每次想起此事时，都感谢班长。后来，中午吃饭，我的手都抬不起来了，更不用说拿筷子了，只有用颤抖的手拿着馒头放到嘴里，那一餐我没吃饱。新兵连三个月，我的脑海里就八个字"服从命令，听从指挥"！很快三个月过去，下连的日子到了，我被分到中国武装警察部队总部直属支队三大队十二中队当了通讯员。不到一个月就被派到长沙去学习放电影，三个月的学习，成绩优异，结束时被评上"优秀学员"。回到原部队正好我们要到八达岭长城附近的山区驻训，野外的生活很过瘾，一过又是一年，由新兵成了老兵，第二年的新兵又下连。时间匆匆，很快我就要复员回家，吃完了最后一餐——饺子，穿上日日夜夜陪伴自己摸爬滚打的军装，虽然已经卸下军衔，和来时一样，但比以前更多了一份自信、勇敢、坚强。先前唱《铁打的营盘流水的兵》没什么感觉，此时此刻一句句歌词都深深地嵌在心里。

> 记得当初离开家乡，
> 带着青春梦想走进部队。
> 时间它匆匆似流水，
> 转眼我就要退伍把家回。
> 告别亲如兄弟的战友，
> 走出热气腾腾的军营，
> 回头再看看熟悉的营房，
> 历历往事再次涌上心扉。
> 忘不了第一次手握钢枪的陶醉，
> 忘不了第一次紧急集合的狼狈，
> 忘不了第一次探家的滋味，
> 忘不了第一次过年深夜独自一人想家时流眼泪。
> 流过多少汗哪，

但我从来不后悔；

吃过多少苦啊，

但我从来不觉得累。

铁打的营盘流水的兵，

流水的兵……

其实我真的真的真的不愿离开部队……

踏上汽车之前，还和战友谈笑风生，带上行李上了汽车，我告诉自己，不哭。汽车缓缓启动，从大门口到操场，一百多米的路上两边齐刷刷站着熟悉的战友，我的胳膊伸出窗外和他们一一握手道别。当汽车开出大门那一刻，我以为我很坚强，但我的眼泪却滑落了。人生有很多悲欢离合，唯有这一次我最难忘，每次想到时，眼角总有些湿润，也总会和战友通通电话。在此也祝福我的战友们一生幸福！

辞职：成功吸引成功

离开部队前，我们部队有个警民共建单位，是个房地产开发集团，为我们四百多退伍兵提供二十多个就业名额，于是我没直接回家，他们安排我住在宾馆。白天要到一个学校上课，上了十五天，管吃管住还给我们发了八百元工资和一张质检员证书，过完春节来上班。回家过完春节，带着身上仅有的二百多元匆匆就来到北京，公司把我和一个战友安排到石景山区附近一个工地，管吃管住每月一千八百元。那一年是 2003 年，对于一个农村出来的人来说刚就业就在大都市有这么一份工作已经很不错了。有一天中午休息，我在外面路摊上看书，读到一句话"成功吸引成功，民工吸引民工"，看到后我如获至宝，回去马上把干了十天的工作辞了。这样的工作和我的梦想差距太大，我要去寻找我的梦想。就这样，我再次背起行囊带着梦想上路了……离开工地后，买了份报纸，找了几个自己感觉还可以的信息，到公用电话亭打电话，当天就去面试。一家联通代理商，推销 IP 电话卡，没有底薪，只有提成，感觉不错，就去上班了。不到半个月公司就把我派到长沙去上班，再次回到长沙，感觉很不一样，上次是在部队，这次是工作，我的新生活开始了。

创业：拼死抓住机遇

"地势坤，君子以厚德载物！"

2005 年对我来说是不平凡的一年，正好是本命年，在那一年我走上了创业路，听人说了很多关于本命年的一些运程，我都没在意。当时我在长沙一家公司工作，我们的一位总监要出差，他的手机不能漫游，他就和我换手机用，几天后回来还给我，手机上面留了一条别人给他的信息，而正是这条信息改变了我的命运。给他发信息的是我们公司策划部的一位老总，姓贺。他到贵阳和别人去合伙开公司了，而我一直正在琢磨着要找他，真是天上掉下来的馅饼。我在长沙进入这家公司，公司发展已经到最辉煌的时刻了，当然是别人的，对我来讲是搭上了末班车，发展空间已经不大了，同时我和初恋情人刚分手，我的人生也到了最低谷，也想换一个城市。

当时有一位同事刘姐大我十几岁，但对我很是照顾，后来更成为我的合伙人。我们虽然有年龄的差距但是性格很像，都是说到做到的那种。就这样，当天晚上我们一商量，就按照信息上的电话拨了过去，电话通了，我和对方聊了几句，对方就说欢迎我们去玩，但不考虑我们去那边发展，因为对方对我了解不多。不过对我来讲就已经够了。我毅然在五一节大家放假的时候，带着借来的五百元，一人来到贵阳考察。别人都是找工作，我是找合作。我和老板谈："承包一个销售部门，你不能参与我这个部门的管理，我用自己的方式来管理和培训，自负盈亏。"老板说："你拿什么让我相信你，我又不了解你，这样吧，你预交五万元押金，作为员工的工资保障。"这对我来说已经是最好的结果了，可身上仅有的五百元都是借的，这五万元从哪里来？但我一口答应下来，老板给了一周的准备时间，回到长沙后我到处筹集资金。

写到这里我要感谢一个人，就是现在我的事业合作伙伴刘姐，她就是我事业的开端。在这一个星期中我们白天上班，晚上找人谈投资，别人出钱我们出力，利益平分，没有一个人相信我们。时间快到了，我们带着刘姐身上的五千元又来到了贵阳。老板说："我人都给你招好了，你钱带来了吗？"在我的一再坚持下，老板最终同意再给我们二十天的时间，交四千元保证金，到期不能凑到这钱就不退了。我一个人留下了，我的合作伙伴再次回到长沙筹钱。二十天很快就过去了，我们的钱依然没有着落，四千元当时对我来说是一个大数目，眼看着我们还没开始赚钱，就已经先损失。又过了十天，我的合作伙伴终于带着借到的钱来了。

于是我们带着公司挑剩下的三十个人，成立了第四总监部。当时所有的员工心理上都认为他们将要被淘汰，从心态上就输给了别人，做过销售的都知道，心态是销售中排在第一位的。因此我要做的第一步，就要把士气提升上去，心态调整过来。公司刚开业，不管过去怎样，我们都在同一起跑线上，业绩能说明一切。销售行业业绩就是老大，谁的业绩高，那就说明谁行。不行的也行了，心态不好的也就好了，所以要想突破眼前的困境，就是要在业绩上战胜别人，皇天不负有心人，公司的第一张单在我们部门产生了，接着第二张……

在销售过程中有一个客户从没来过公司，没了解过产品，她没有女儿，我没有女朋友，却是我的干岳母，也成为第二个到公司交两万元的贵宾客户。这些关系的建立和成交是在二十小时内发生的。这样的不可思议的事情是怎么发生的呢？

林伟贤老师说过："有关系找关系，没关系强迫发生关系。"公司开业那天，来了一对非常经典的客户——在我看来是如此。男的何伯伯七十八岁，女的杨阿姨五十四岁，明眼人一看就知道不是原配，果然一切都如我所料，沟通过程中，了解到杨阿姨有一个儿子当过解放军，正好我也当过兵（武警），当然我不会放过这个机会，说："你可以给别人说你有两个儿子，一个解放军，一个武警，多好呀！"

她就笑起来了，我紧跟着说："我就是你那当过武警的干儿子！"

她笑着说："好呀。"

马上我就叫干妈。她笑得更开心了。我趁热打铁，就开始讲会员卡。她说你问干爸，干爸看干妈今天这么开心，当然没问题了。我说今天中午我请你们吃饭，吃完饭我们就去取钱，正在点菜时，干妈手机响了，我看到她脸上露着自豪笑容给电话另一头说："今天我干儿子请我吃饭。"

我就问："是谁呀？"

她说是一个当老师的朋友，接着我就说："让她也过来，一起吃饭吧。"

她说："我干儿子让你来一起吃饭。"

挂了电话，了解到这位阿姨姓陈，不到六十岁，二十五岁离婚，自己带大儿子，儿子在十一岁出了一次车祸，到现在快三十了，但智商永远停留在十一岁。她来了，我的机会也来了，吃饭时干妈一直夸我，陈老师说自己要有这么一个干儿子有多好呀。我说这样吧，我将来找了女朋友让她做你干女儿，她说好呀，我就提前叫干岳母了，我还开玩笑地说找女朋友的事就交给她了。吃完饭，我们一起去银行取钱。路上干岳母问我们去办什么手续，我说当然是好东西，她说："我可以办吗？"我说当然可以。当我们把干妈的钱取回来交到公司时已经五点半了，银行下班了，我只好第二天一早去接干岳母取钱到公司。签完合同交完钱，她就走了，三个月后她才来公司了解产品，享受产品。这么些年过去了，我还是经常去贵阳探望他们，同时也感谢他们对我的帮助。正是这件事，启迪了我，让我拨开云雾，发现理论是带有共性、普遍性、规律性的，而实践是带有个性、特殊性、差异性的。

就这样，在第一个月我们四分之一的人创造了公司总业绩的四分之三。从此我们的事业开始腾飞。

养老：朝阳行业

如今选择养老产业，回头看看也有快五年时间了，人多力量大（加大油门），1949 年全国人口为五亿四千万；1969 年全国人口达到八亿。二十世纪七十年代末八十年代初开始实行计划生育政策，1982 年将其列为一项基本国策，至今全国整整少生了三亿人，使全国人口达十三亿的时间比全球人口达六十亿的时间推迟了四年。2004 年中国六十岁以上老年人将达一亿四千万，同时以人口增速的五倍发展，可以说银

我的人生我做主

发里面有黄金，那么淘金的切入点在哪里呢？

我国自 1999 年以来已经进入老龄化阶段。新世纪开始，银发浪潮滚滚而来，而且老年人口基数大、发展速度快、来势凶猛。因此解决老年人的养老和居住问题是摆在我国和各个城市面前的一个紧迫的社会问题。据权威部门估算，目前全国老年人的退休金、再就业收入和赡养费大约有四千亿元，即使仅 3% 的老年人能在社会设施中养老，也需要社会投资两千万元。目前全国仅有八百多所老年公寓、社区，远未能满足社会养老需求，发展空间十分广阔。仅 3% 的老人能在社会设施中养老，全国就将有四百二十万老人进入老年公寓或老年住宅安度晚年，需要建造八万到十万所老年公寓及住宅，投资总额便是九百亿到一千亿元，加上其他设施设备等，其商机将达到一千二百亿元。

就这样我选择了养老事业，没有不赚钱的行业，只有不赚钱的企业，一个企业的成功，关键是商业模式。所以我就在模式上下功夫，老年公寓是福利事业是有国家扶持的，可以将福利性事业市场化运作。

结尾：科学的偏心销售理论系统

历经了几年的摸爬滚打，自己总结了一套用于销售团队的系统建设和培训方法——我称之为"三、五、七成功系统"即：三天成型、五天成品、七天成功。《圣经》上说：上帝用七天创造了世界，我也要用七天来创造一个人的新世界。

"三、五、七成功系统"的核心理念就是——偏心动力球，个人有个人的偏心，团队有团队的偏心。这个偏心就是人的原动力，当自己能改变偏心时我们就会自动自发地行动，所谓的阻力就变成了动力。就像一块石头，它可以是绊脚石，也可以是垫脚石。

举例来讲，我们有两个总监部，在总监部设奖励时，有一个部门完成任务目标奖五百元；两个部门都完成任务目标各奖一千元，同时第一名的再奖五百元。如果1部达成了，而2部没有达成，1部会帮2部吗？这样就体现了既竞争又合作的原则，让这一对原本矛盾的个体变成了相互助力，你要去思考你的偏心在哪里。

小成功靠个体，大成功靠系统。我们都知道现在系统已经成了这个时代的关键词，你不信上网搜搜，大到世界五百强小到路边的小摊都在谈系统了，你的事业有自己的系统吗？

这里有五把金钥匙助你建立自己的系统。

一、凡事环节化

把一件事情分成一个一个的环节来处理，拿我们销售来做例子，销售流程要完成产品销售到客户手上，我们分成下面这些环节：

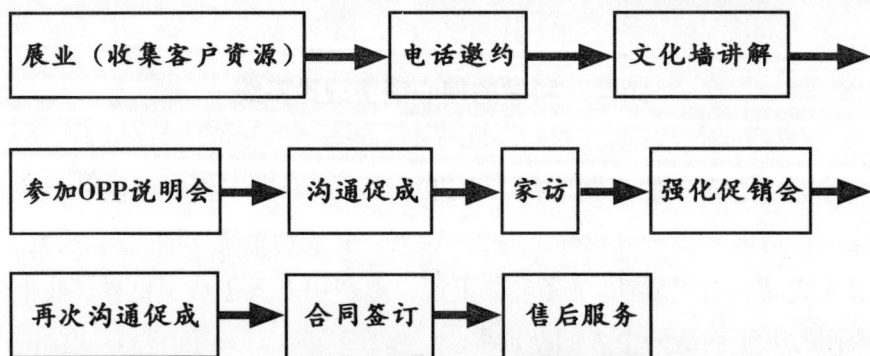

展业（收集客户资源）➡ 电话邀约 ➡ 文化墙讲解 ➡

参加OPP说明会 ➡ 沟通促成 ➡ 家访 ➡ 强化促销会 ➡

再次沟通促成 ➡ 合同签订 ➡ 售后服务

做一件事，按照它的规律和顺序排成列，第一步做什么？做完第一步，再做第二步这样一步步来落实。销售就等于流程，如果你按照这流程一步步做完，你会发现就可以成功。从你发现规律到规律在为你服务，这样你就轻松了。

二、环节系统化

把各个环节变成一个流程，形成一个系统，就像一个链子环环相扣。如：

"热心公益、关注养老"——嘉宾联谊会

1. 时间：2009 年 ＿ 月 ＿ 日星期 8：00——13：00。

2. 主题："热心公益、关注养老"——嘉宾联谊会

3. 地点：xx

4. 领导出席：xx

5. 人事安排：xx

    （1）活动总策划：xx

    （2）现场总指挥：xx

    （3）主持人：xx

    （4）会场布置：xx

    （5）会场纪律：xx

    （6）音响配合：xx

    （7）讲师：xx

    （8）礼品颁发：xx

    （9）签到、配花：xx

    （10）迎宾：xx

6.会议流程：

8：00　　员工到位（点名），嘉宾入席（民乐播放）

8：50　　所有参演节目伴奏碟送音响室（xx）

8：55　　播放歌曲（最美不过夕阳红）员工做好准备——主持登场（万宝路进行曲）

9：00　　喷礼花：负责人（xx）

9：05　　节目：1（xx）
　　　　　　　　　2（xx）

9：20　　节目：3（xx）

　　　　　游戏 ：4（xx）

10：00　　OPP讲座

10：35　　有奖问答

10：40　　颁发荣誉证书（请老客户发言——姓名：xx）

10：55　　领导发言：(1. xx；2. xx；3. xx)

11：05　　宣导促销

11：08　　音乐——《相亲相爱的一家人》（全员参与）

12：30　　中餐（配乐：轻音乐／进行抽奖）

13：30　　撤场（xx）

　　把它建立成一个系统流程，第一次做活动花费大量的时间去准备，下一次又是这样，做得多了，就能总结出活动的共性、普遍性和规律性。而每一次又有所不同,把它们的相同部分设计成一个模板，允许每次活动个性、特殊性、差异性的发挥，每次做活动按表填空就行了。

三、系统科学化

在这整个流程中找出符合内在规律的东西，同时还要符合科学发展观，这样就更容易操作。如：

产品说明会备用物品检查一览表

地点：　　　　　　参会人数：　　　　　　　年　　月　　日

物品名称	数　量	齐全✓	不齐全✕	备注
设备用品类				
音响				
VCD				
话筒（电池）				
碟片				
黑板				
黑板刷				
大头笔				
宣传横幅				
礼仪束带				
荣誉证书				
座席牌				
请柬				
食品类				
瓜子				
花生				
水果				
茶水				
奖品类				
抽奖箱				
抽奖名单（纸）				

奖品（类别如下）				
①				
②				
③				
④				
				检查人：

科学就是为了弄明白，挖掘事物的合理性，使其顺序符合规律性。

四、科学标准化

要制定成一定的标准或模板，这样才能考核、检查、复制。如：

早会流程：

1. 整队，报数，问好：

和生源养年公寓的全体精英们,大家上午好! ——好,很好,非常好!

2. 我们的宗旨是：

替天下儿女行孝，为社会家庭分忧，让老人称心如意，为政府排忧解难。

3. 我们的目标是：

建设一流的老年人自由快乐家园，提供贵族式的温馨服务，打造高标准的管理服务团队，做社会和谐的优秀参与者。

4. 我们的五心服务是：

爱心，耐心，细心，贴心，知心。

5. 我们成功的九大理念是：

成功是因为态度；我是我认为的我；我是一切的根源；

不是不可能,只是暂时没有找到方法；山不过来我就过去；

每天进步一点点；决心决定成功；

太棒了，这样的事情竟然发生在我的身上，又给了我一次成长的机会；

凡事的发生必有其因果，必有助于我。

6．我们成功的心态是：

把我们的太阳当成月亮，把我们的淋雨当成冲凉；

把我们的展业当成竞赛，把我们的拒绝当成成长。

7．我们成功的号角是：

"永不退缩"！

就算我现在什么都没有，擦掉了眼泪还是抬头要挺胸；

面带笑容不气馁往前冲，我越挫越勇，我永远不退缩——我一定要成功!

8．每日宣言：

我赞美我的朋友，朋友于是成为手足；我赞美我的敌人，敌人于是成为朋友。

当我要赞美别人的时候，我要高声表达，当我要批评别人的时候，我要咬住自己的舌头。

我要记住这个秘密来改变我的生活，从今往后，我要养成赞美的习惯，每天赞美我的朋友，因为今天是新生命的开始!

9.团队理念：

团队就是一个整体，团队需要严格的制度，团队需要一致性，团队需要沟通。

团队需要信任，团队需要相互帮助与配合，团队的关键在于领导。

团队就是为了达成目标，没有完美的个人，只有完美的团队。

10.我宣誓：

我们是最优秀的团队，请相信我们会为您带来最优质的服务，执行，执行，再执行；服务，服务，再服务。我们一定说到做到，说到做到，说到做到！

五、标准数量化

最后要把标准变成可执行的步骤或是量化的指标。如家访：

家访是电话邀约、OPP 和联谊会之前及之后的重要程序，它是与客户感情培养、建立信任的最佳途径，也是成单的重要环节。

一、家访的目的

1. 了解、掌握客户信息

A. 身体健康状况

B. 家庭组成（子女），是否与子女同住

C. 原工作单位及退（离）时间

D. 经济状态（有无负担，谁做主）

2. 培养、建立与客户之间的感情，增强信任感

A. 多交流，多沟通，多谈及客户感兴趣（爱好）的方面

B. 投其所好，学习和参与客户爱好的活动

C. 尽量少谈关于业务方面的事

3. 了解客户的需求、购买欲，成单率有多高。

A. 了解问题的根本，辨别信息的真假

B. 了解客户的需求点，兴趣点

C. 掌握成单率（多大的单量）

4. 做好售后服务，为以后的工作做铺垫

A. 客户满意度（巩固单位的稳定）

B. 为老带新、转介绍做好准备

C．老客户的加单

二、家访的方式

1．送资料（相关宣传资料、彩页、光碟等）

2．送请帖（邀请参加联谊会）

3．一般拜访（探望、上客户家玩等、多次拜访）

4．送礼物（祝寿、一般礼等）

三、家访注意事项

1．预约家访的时间（尽量具体详细，一般需提前十分钟左右到达）。例：上午：9：00—12：00（某个具体时间），下午：3：00—6：00（某个具体时间），该预约则预约，视客户情况而定。

2．不能预约的情况，直接登门拜访（掌握、了解客户生活规律）。

3．确认客户具体详细住址（什么路？多少号？哪个单位？什么小区？几栋、几单元、几楼几号？左边还是右边等）。

4．家访以感情沟通为主，尽量少谈业务，不要一进门就坐下谈业务。

5．客户（待客）请吃东西，或吃饭，不要太拘束，太客气，随意些，大方些，更能减少客户的心理抵触和防备，从而达到更加亲近的目的。

6．敲门（确认后）：声音适中，同时，热情呼喊（阿姨／伯伯）。

7．进门、脱鞋（礼貌）：报上单位，本人姓名；同时，观察家里是否还有其子女或其他人。

8．进屋入座：赞美（A、从房子装修 B、从家里某样明显的东西 C、观察发现有什么爱好等）。

四、家访准备

1. 出发前：A. 确定客户地址；B. 乘车路线；C. 确定提前多少时间出发，能按时或提前到达。

2. 邀谁陪同（一男一女搭配为好，或部长经理陪同）并告之该客户基本信息。

3. 资料准备：展业夹，相关宣传资料，彩页和碟等。

总之，整个流程要做到简单、易操作、好管理。通过这一系列的细化，可以看出办任何事情，都有规律可循，在共性、普遍性、规律性的基础上，找到它的个性、特殊性、差异性，用这五把金钥匙去分解建立系统。

附：王煜贤先生的 DISCUS 性格分析报告

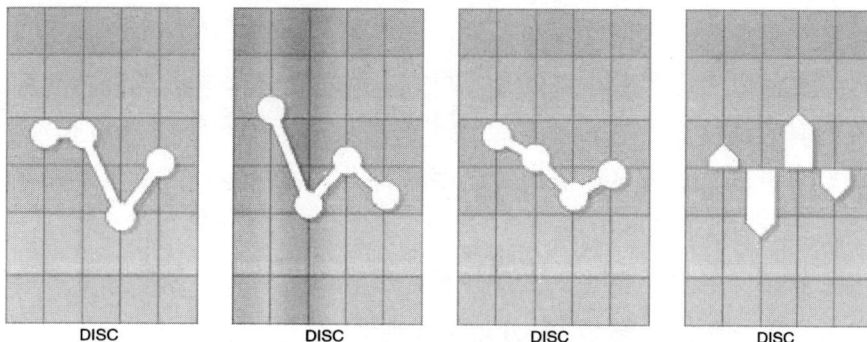

DISC　　　　　DISC　　　　　DISC　　　　　DISC

内在分析表

内在分析表的最高点，代表着你最自然真实的内在动机和欲求。这种行为之所以常在你处于压力时显现，是因为你没有 " 空间 " 或时间调整行为。

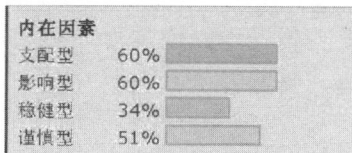

内在因素		
支配型	60%	
影响型	60%	
稳健型	34%	
谨慎型	51%	

外在分析表

外在分析表描述应试者认为自己应呈现的理想行为。这种图形通常代表个人试图在工作中采用的行为类型。

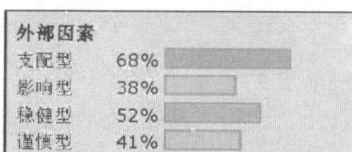

外部因素		
支配型	68%	
影响型	38%	
稳健型	52%	
谨慎型	41%	

总结分析表

真实世界里，应试者通常会表现出与内在分析表（直觉行为）及外在分析表（视现状调整的行为），这两种分析表一致的行为。总结分析表是这两种描述个人正常行为图形的综合。

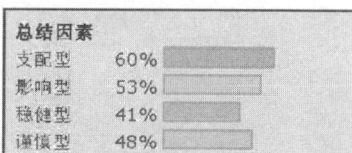

总结因素		
支配型	60%	
影响型	53%	
稳健型	41%	
谨慎型	48%	

转换模式

转换模式图形显示应试者的内在和外在分析表之间的改变，并凸显应试者正在进行的性格调整。

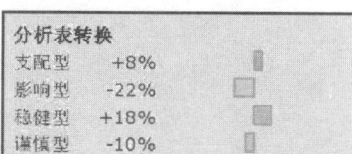

分析表转换		
支配型	+8%	
影响型	-22%	
稳健型	+18%	
谨慎型	-10%	

煜贤讲究效率的特性显示他在做决定的时候，是从实际的角度着眼，并且特别重视行动后直接产生的结果。至于是否能迎合大众则不在他的考虑之列。以他个人而言，他从不会担心作出别人可能不认同的决定来。直面冲突，敢于要求，从来不畏惧别人的拒绝，从来不奢望在达成目的的同时还要获得对方的好感，这是煜贤在事业发展上的一大优势。

　　他倾向于主动表达，主动传递，但目的不是为了倾吐、自我表现或赢得好感，而是为了更好地做成事情。

　　煜贤的风格特性是他喜欢做而不喜欢想，虽然他也同意偶尔在某些情况下，谨慎而周密的做法确实较好，但这不是他的原本作风。当这种情况发生时，不难见到像他的这种风格的领导者把这类工作分配给别人。

　　在管理的时候，对于"为什么"、"怎么做"，煜贤都只会做蜻蜓点水的解释，他更倾向于直接要求员工"马上做"，执行力是他对团队要求的重中之重。

人脉 工作 休闲 家庭 理财 智慧 心态 学习

第三章

用思索升华人生

记着，便是得着

王建萍

（成本会计师　香薰治疗师）

编者按：仅仅读到文章的一个开头，就感到非常惊讶。真的感谢建萍对我们的信任，愿意分享她最珍贵的回忆和情感。这对于稳重温和的建萍来说，实在是一件不容易的事情。

通篇读下来，明白了快乐的重要性。建萍用自己的真实经历，说明了一个也许人人都懂的理论，但也许大多数人都不懂如何去执行的道理："快乐是选择来的！"

她有勇气去选择一个"恶男人"，有勇气去选择忘记示弱忍让，有勇气去选择了解自我，所以快乐便选择了她。

记着：旁观男友与人摊牌

"记着，我下午三点半会和她在咖啡店，你一定要来！"

这天，刚好是朋友时装店开张的好日子，我和几个朋友一起去祝贺，有朋友开玩笑说："你那新的贴身膏药今天贴到哪里去了，为什么没有跟着你？"

"他去跟她以前的女朋友会面了，哪有空！"我说。

"不会吧！"朋友说。

"是真的，他说他会跟她说得清清楚楚，一定会跟她分手。三点钟在咖啡店里，他叫我一定要到，只需在旁边的桌子坐下，看清楚他的态度就行。不然的话，将来我一定会时常怀疑他，这样对他对我都不好。"

"这他说得对，那你快去吧，都快三点了。"

"我不去，好像做戏一样，很过分嘛，要冷冷地看着自己的男友跟以前的女朋友说分手，我做不出来，怕报应呢！"

结果……还是去了。

扮作一个不相干的人坐在旁边的咖啡桌上，百般滋味。最后的场景是，男方说："要说的都跟你说了，以后各自好好地生活，我还有别的事要做，结账吧！"

女方没有哭，只是无奈地看着男方结账离开，自己也跟着离开咖啡店。我这偷窥的罪犯，呆呆地继续坐在咖啡店内，想着许多许多的问题。想哭，为她哭，她自己为什么不哭，他最怕人哭的。她给他最后的一封信，还说在旅途上遇到了一位智者。智者跟她说，只要她愿意返回他的身边，幸福可期。花了七八年光阴在一个男人身上，逼婚不成，出外旅游散心归来才不过三个月，男人却变了心，连以往拖拖拉拉的游戏也懒得跟她玩。她还以为他会为她的归来而感动得有结婚的冲动，哪知他要跟她说分手，还说得那样清楚明白，干净利落。我要是她，一定会哭，为什么她不哭？但想着也觉可笑，我笑我自己居然遇上这样的一个难缠的男人，拍拖才两个月，我跟他说了不下十次的分手，居然还要先看他如何与旧女友分手。他名副其实的是小事糊涂，大事果断，大家都觉得很麻烦的三角关系，

263

他不到两个小时就解决了。

奖励：多谢与我志同道合的他

决定写这篇文章的时候，我想了许许多多的题目，也听取了许多的建议，可有些题目不好下笔，有些人有些事不便细谈，不是人人都喜欢自己被扯到别人的文章里的，写好话还可以，说实话是难免得罪人，翻来覆去地想，却把自己身边最重要的人遗漏了。写他最好，一是他基本上不爱看我的文章，懒得理我写什么；二是得罪了他也不怕，总不会十年恩情为一篇文章了断吧；三是在文章里为他说些好话也是应该的，我这个人不太会说话，没有他那样口甜舌滑，他偶然会跟朋友说："能娶得这样的老婆，是我今生最大的福气！"每次听到他这样说，我的脸都红得要找个洞口躲一躲，怪他要说这些令人难为情的话，虽然自己心里甜得像打翻了蜜糖罐子似的。

为了奖励他经常让我有甜丝丝的感觉，似乎写一篇文章做回礼也是应该的，管人家爱不爱看，读者读到这一篇文章，也算是和我有一点缘分。我有这样的一位他，是我的福气，为什么不借此机会，好好地表扬他一下呢！

"道不同，不相为谋"、"志同道合"这些交友之道，是中国传统的生活智慧，做夫妻的，是不是也该如此呢？如果是的话，我和他，早该缘尽了吧。

"其实你和他明显是两类不同的人，为什么走在一起却还可以这样恩爱？"朋友问。

"我们最高的离婚纪录大概是一个星期离三次婚吧，"我说，"在结婚的头几年，经常为许多小事而闹翻。"可朋友都不信。

结婚和拍拖最大的不同，就是拍拖是无名无分的，离离合合都好像不过是种视心情而玩的游戏，感情、爱情的感觉变得很容易，因为来来去去都是两个人的事。可结婚就大不同，有了一纸婚书，要离还得要花钱搞一张离婚证明，花时间到法庭申请，而且婚姻从来都不是两个人的事，是两家人或两家族的事。有些人花了很久的时间还在拍拖的阶段，说是先要了解清楚，才好托付终身，这到最后多是得出两种结果，一是既然拖了你这么久，不好意思不跟你签婚书；二是真的很了解你了，所以真的不想跟你结婚，还是分手吧！这两种结果听起来都令人遗憾，甚至毛骨悚然，试想把婚书拖到爱情的火光都快要消灭的时候才签，是不是以为签了婚书可让爱火更亮更光，还是不过为这段拖拉版的爱情剧加点燃油，只寄望它的光不要完全熄灭，免得心血都付诸东流。分手的，可能还好过些，因为分手后，大都会得到朋友的安慰："这样的一个人，不值得你伤心难过，这样一个一点恩情都不念的人，幸好你们没有结婚！"

他以前的她，一定接受过朋友这样的安慰吧，而且她学乖了，明白到拍拖拍拖，一拍不合就给拖住了，实在不划算，所以很快地，大概一年的时间，她跟他说，她要结婚了，还请他出席她的结婚典礼。他高兴地祝福她，不过回谢了出席她的婚礼，因为他正在为自己的婚礼着忙呢！他真的很可恶，人家花了七八年光景，一哭二骂三出走都不能迫他结婚，他却忽然和另一个女子结婚，这太可恶了！

幸运：不快乐的童年

我常常在想，自己真的很幸运，生在一块基本上不愁衣食的福地，偶尔生活上遇到困境，也只是平平常常的不如意事。然而也有

265

许许多多的不顺心事，都是在童年发生。那些日子里，家里交上厄运，我们一家像上了一条被诅咒的船，人人都被大海的波浪卷得头昏脑涨，迷失了方向……

那是许多年前的一个夏夜，晚饭后不久，我功课都差不多做完、快要上床休息的时候，表叔带着一位姑娘到访，说那姑娘要借宿一宵，第二天会把这姑娘接回去好好安顿，不会再打扰我们。

这女生当时十八岁，澳门人，她爸爸在当地的报纸上替她刊登征婚广告。我表叔是那种每个月总得跑一两趟澳门的人，大都在发薪后的周末，许多时，他都能满载而归，带着杏仁饼、猪油膏及纸盒上印着"三千年开花，三千年结果"的凉果给我们。听大人说，他认识这十八岁姑娘的前一天，在赌场里赢了很多钱，多得连赌场的门口也不敢出，怕给人打，也不敢再赌，他蹲在赌场的角落看报纸，边看报边想法子。就这样，他发现了姑娘的征婚广告，他想，十八无丑女，自己还没有成家，这笔横财说不定是天赐良缘，于是乎约见姑娘的爸爸相亲，他把自己赢到的钱分了一大半给姑娘的爸爸，就把姑娘带到香港去，她在我家留宿的那一宵，是她到香港的第一天，也是我家交上厄运的序曲。

我爸爸算是个生意人，有自己的小生意，但为生计，大部分时间都留在自己的厂内住宿。不知从何时开始，那姑娘居然也在爸爸的厂内住下了，原来表叔把她安顿到爸爸那里去了。小时候，大人都说，我爸爸做错了事，我却常常在想，爸爸做错了事，为什么要妈妈和我还有我的兄弟来承担，个人的风流快活，使得一家像跌进了无底深渊，这就是所谓的父债子偿吗？

多年后，一个夏日的晌午，我已由一个小学生成长为一个高中生，想不明白的事情仍然很多。妈妈的怨恨及唠叨也没有半点的减退。

一天，一位久违了的亲戚到访，自从爸爸犯错后，以往有事无事都上门的亲戚早就不见影踪，这天居然有贵客到访，所以印象特别深刻，连离开前所说的话也记得特别清楚，他说："这么多年了，你们这些孩子都大得好快，都长得跟我差不多高了，这世界真的不停在变，你们也该改变一下，要学会快快乐乐地过日子，有些事是没有人能够理解和改变的，但这并不表示你没有快快乐乐过日子的权利。"

"是吗？是这样吗？"我想，孩子的天空都由父母撑起，父亲溜了，只剩母亲这一条支柱，天都塌了一半，还能开开心心地过日子吗？这亲戚真是说得好轻松啊！

同一年，新学年开始的时候，我遇上了一个时时刻刻都充满活力和幽默感的同学，她脸上永远都有着阳光般的笑容，又是一个非常聪明的女孩，头脑灵活，说话也常常充满幽默感，课堂前后，光是伴在她身旁，听她跟别人的对话，都是一种乐趣。真的很羡慕，那些有爸有妈的孩子，一定特别快乐。偶尔上课前或下课后碰到她和她姐妹一起，她们跟她一样，都是爱说爱笑的，忧愁好像不曾到访过她的家。

"为什么你总是这样快乐似的？"我问她。

"不是'似'，我是真的很快乐呢，你也可以啊，你有什么不快乐的？"她说。

"我就是快乐不起来，和你不同，我家有本难念的经。"我说。

"这家家都有嘛，你不知道吗？"她笑说。

"我只知我家的，哪知你家的？"

"就是嘛！"

记不起是年假还是什么比较长的假期，我和同学到这快乐的同学家里玩耍，不知什么缘故，她姐姐接过电话后便破口大骂，她们

267

几姐妹都异口同声地数她们爸爸的不是。后来她跟我说，如果可以选择，她真希望她爸爸永远不会回家，就当他死了就好，也不用为这个人难过！原来她恨她爸爸，比我恨我爸爸还要深，她说因为她爸爸不满她母亲没有为他生出个男孩，所以一直都对她妈妈和她几姐妹很不好，打骂不说，还在外头跟一个女人另外生了两个男孩后，情况更坏，因为老来得子，他自己没有本事满足那边孩子物质的需要，经常回来问她妈妈和姐姐要钱，不给的话就砸东西、打人，她们报警都没有用，因为这是家庭纠纷，警察是不理的。

"但我每天都见你说说笑笑地过日子，像很开心的？"

"不开心又怎么样，错的是他，不是我，不开心的该是他，不是我，如果连这样的人都有权开开心心地活下去，为什么我不能，许多事情我管不了，我只可以管我的心情，这是我姐姐教的，所以我们一家，只要爸爸不在，都会开开心心过日子，只是他回来的话，我们都会像死人般难看，就是要给他脸色看嘛！"

"你们真聪明！"

至此方知，原来快乐与否，是自己给自己安排的世界，生活中所遇到的人事自己不可以掌控，但自己的行为思绪却是可以把握的。能否调适自己，令自己活得开心些，人生过得惬意些，原来都只在一念之间。这一念间，我忽然明白了许多，原来没有快乐的童年，也不完全是别人的错！

错过：日子无法重来

错过的日子没法从来，但未来总可以改变，相貌纵然是天生，但相由心生，很多恶形恶相的人，笑起来还是会惹人喜欢，我的他就是一个很好的例子。

他不笑的时候样子不但严肃，而且带点凶，但他的笑容却十分讨人欢喜，至少我是真心这样想。可能正因为他不笑时带点"凶相"，所以对比着他笑的时候，就可亲了许多。

他是个天生的吵架王，三岁就懂得骂邻家的小朋友说："你妈妈是火星人，你爸爸是大水牛。"经过这几十年时光的锻炼，他现在骂起人来，是更有威力的，他说话不一定有道理，但来势汹汹，井井有条，绝不容易招架。而我，跟他这样亲密的一个人，少不了不时成为受害者。做梦也不曾想过会嫁给这样凶的家伙，真可恶！十年修来同船渡，千世修来共枕眠，两夫妻能好好地相处，是有缘有分有福气，是好姻缘；不能好好相处，还要相互折磨，就是前世冤，今世孽，但不可把责任都推在老天爷的头上，夫妻双方都有责任去包容和体谅对方，这是夫妻间最起码的相处之道。

有位朋友，跟她的先生相处得很不好。他先生是在餐馆任职的，晚上打烊回家后，习惯上还要在家里当一会儿夜猫子才睡，他最爱在夜阑人静的时候看电视，可妻子却受不了睡眠受到电视声浪的打扰，她向先生投诉，可她先生却说："如果你真的睡不着，倒不如陪我好好地看电视，如果你真的想睡，再大的电视声浪也不能把你吵醒的。"妻子没好气跟他理论，只好每晚和着电视传来的高低起伏声浪入眠。过了一阵子，妻子想到了报复的方法，她每天起床后的第一件事，就是把电视开着，还要把声浪调得比她先生看电视时还大一点，她辩说因为四周的人声车声都比晚上大，所以电视的声音也要相对大一点，才能听得清楚。于是，他们这样互相折磨了许多年。

我和我的他相处时，也发生了类似的事情。他很喜欢看电影，我们家里差不多每星期都买上几张影碟的，可他看电影的习惯很奇

269

怪，不论多精彩的戏，周公都会忽然找到他，所以大概看到一半或大半，他就不得不先和周公相会，如果半夜醒来，精神和心情都可以的话，他会走到客厅再看未看完的戏。我却是个看戏不能看一半的人，否则心里总觉得有件尚待完成的事，不能好好安睡。初结婚的时候，家里地方很小，小小的电视声浪，对想要安睡的人来说，是十分具有干扰性质的。因此，两人不能一起把戏从头看到尾的话，双方的睡眠质量都要遭殃。

我自己因为他在夜半看戏而不能安睡，也不好说他，我明白这是因为家里太小的缘故，如果把电视声量再调低，恐怕会打扰他的雅兴。然而，有好几次我知道他找周公的时候，刻意把声量尽量地调低，希望他不会被电视声浪干扰，好好地睡，可他发现后却说："不必刻意调低声浪，我照样可以睡得很好。"我却跟他说："没关系，声浪小一点感觉也很好，知道戏里在做什么就可以。"其后我发现，以后他半夜看戏的时候，声浪都会调到极低的，就像没有声音一样，怪不得他哥哥说他有一对金耳朵！

说到他的金耳朵，就想到现在家里的一对大喇叭，这对喇叭听说是十多年前他花了几个月的收入买回来的，现在放在我们的大厅里，只可算是一件摆设，实用性不高。他说，以现在的科技，几千元的一套音响产品，都有很好的效果，我们好几次都想把这对喇叭送到二手市场，可又舍不得，舍不得这件精彩消费的战利品。认识他的时候，就知道他的用钱哲学很简单，就是有钱便花，是名副其实的"月光族"。

要改变一个人的习惯很难，要改变一个人的用钱习惯是难上加难。由于我俩的性格特质不同，因此消费的喜好与方式也极不相同，在家庭经济这个方块里，我们有过不少的冲突。我是个天生的和平爱好者，害怕冲突。于是，很多时候，就像老中国一样，但求和平，赔款了事。也许《秋天的童话》里说得对，"花得一毛不剩，人生便无憾"。可当我都豁出去的时候，他却反而改变起来，就像调较电视声浪一样，我们都将自己调到对方可接受的量度，让对方在自己可照顾的范畴里活得舒适。

对读者来说，这些零零散散的故事，未必有多大的意义，像是家长里短的，可以没完没了地说上好几天。然而都是这些一件一件的琐碎小事，让我明白小事可以糊涂，大事应该果断，遇上自己想要和他相处的人或想要做的事，糊糊涂涂，拖拖拉拉，只会把事情弄得更为复杂。幸福不是一定要靠天赐的，也得靠自己争回来、抢回来，与其向天公抱怨，不如把自己的想法调适一下，将自己头上的阴霾理清。只能靠自己，人生如意与否，快乐与否，很多时候就在我们自己的一念之间。也都是这些一件一件的小事，令我了解到与其要求别人迁就自己，不如自己先尝试迁就别人，互相尊重，谁先谁后不重要，重要的是双方都懂得尊重对方。重要的是结果。

一段段的琐事里，我有付出，当然也有收获，而且可以说是收获颇丰。我学会了尊重他的想法，有时，我甚至会学习他的想法，让自己可以从另一个角度看东西，从另一个角度去思考问题。而他对我的尊重与支持，也促使我在自己的兴趣上，有更专业的发展。上面提到，我们在花钱的模式上有很大的不同，简而言之，就是我比较爱存钱，他比较爱花钱。很多喜欢花钱的人，其实只喜欢花钱在自己身上，又或不一定察觉自己在乱花钱，却注意自己的家人或伴侣在乱花钱，于是惹起事端。幸好他没有这毛病。

以往，因为我比较爱存钱，一些自己喜欢的东西，都舍不得花太多的钱去购买，可有了他的支持，我可以花更多的钱在自己的兴趣上，由业余的插花小组到花艺导师课程，由业余的香熏兴趣班到专业的英国学会试，以及后来的美容师及化妆师专业课程考试。没有他精神与实质的支持，哪能在考试里获得这样好的成绩？虽然我还没有好好地利用这些成绩赚取更多的金钱来回报这份体贴，但学这些东西有一个很大的好处，虽然没有利用这些东西赚钱，但香熏美容扮靓用在自己或朋友身上，总有回报的。这不是全然阿Q式的想法，实际上，因为自己面部的皮肤问题本来就很严重，一般美容院的各项推介，其实只是费时失事，难有效果。所以在学习过专业的知识后，省了许多无谓的时间和金钱在美容院推介的疗程上，现在自己就是自己的最佳美容师。随手拿起一支蜜糖，就清洁、磨砂、护肤都搞定了。类似的非金钱实质收益，要写的话，还有很多。

蝴蝶：关乎世界的一种效应

一只蝴蝶的活动可以引出全球的变暖问题。一个人的思想与行为所引起的效应，更是难以测度。人与人之间的互动，千丝万缕，前因后果难以理清。在DISC课程的学习里，我像找到了一面光亮的镜子，能够更清楚地照见自己，也可以更清楚地照见别人。根据DISC的分析，我是一个高S高C的人，对于这个答案，我起初很有点不满，以为帮人扮靓不是高I的话，好像就是说我没有艺术气质，没有创意嘛！可细想之下，我又的的确确是个高S高C的人，因为怕和别人冲突，也爱计算，所以小事上就算能不糊涂，但大事却优柔寡断。在同班同学的分析结果里，一些和我一样是属S型的人，有些心中都和我一样的纳闷，因为属于这个特性的人，大都是受支配的，虽然老师说了很多遍，DISC的四象里没有好与坏，错与对，

我的人生我做主

272

但对于自己被定性为怕事、爱跟风的人，总是不太好受吧。不过细心想想，我也正因为有这一份高 S 的特性，才在不知不觉中，让生活充满和谐。

结尾：缘来是他

最后，说过要在此表扬他的，用 DISC 的分析说，他是个高 D 高 I 的人，他的综合特质是：非常独断，可视乎情况采取直接有力的行动；有迷人的社交手腕；知道自己的人生目标为何，有完成任务的决心与毅力；试图取得支配权；希望自己受到同事真心的尊重与喜爱；是强而有力的人格。以上对他的描述，可说是非常精准。此外，他刚中带柔，老套一点说，就是铁汉柔情。今年是我们结婚十周年，十年的时间里，有伤过痛过，当然，也有许多的甜蜜时光，这十年里，我们就是在互相支持下成长与进步，我得到的成绩有他的参与，我的坚强有他做后盾，我安稳和谐的生活里有他的照顾。付出与接受，不必计较谁先谁后，因为重要的是结果，重要的是大家都有收获。

在这世界上，两个拥有一模一样性格的人，也不一定能好好地相处，人们总是看到自己的优点，别人的缺点。不管在家人中或是朋友、同事中，要享受相处的乐趣，就必须先懂得付出，要明白付出不等于被占便宜，它只不过是主动的先行举步。懂得调适自己来面对不同的环境，使自己无论在家庭、工作还是与朋友相聚时，都能拥有快乐的时光，当然，这其中最大的受益者，就是自己。以往，我不想向环境妥协，也曾讨厌自己的懦弱怕事，是个怕得罪人的胆小鬼，但现在明白了，人人都有自己的特质偏向，没有必要否认自我，

273

但同时要准备好去做调节。没有谁不能跟谁相处，能相互调适当然是最好，可改变别人太难，改变自己就相对地容易很多，只要你愿意，就可以跟你想要相处的人好好相处。

附：王建萍女士的 DISCUS 性格分析报告

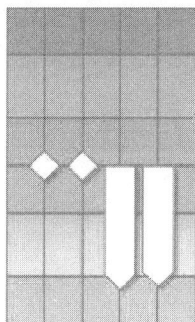

DISC

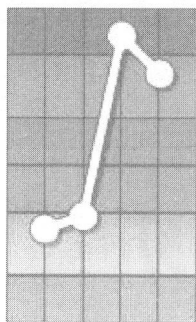

DISC

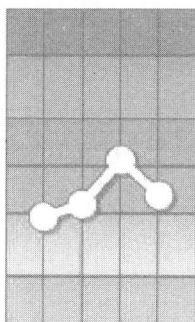

DISC

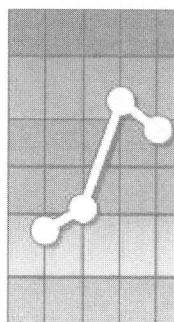

DISC

内在分析表

内在分析表的最高点，代表着你最自然真实的内在动机和欲求。这种行为之所以常在你处于压力时显现，是因为你没有"空间"或时间调整行为。

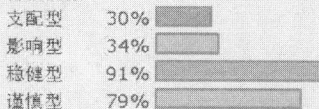

内在因素	
支配型	30%
影响型	34%
稳健型	91%
谨慎型	79%

外在分析表

外在分析表描述应试者认为自己应呈现的理想行为。这种图形通常代表个人试图在工作中采用的行为类型。

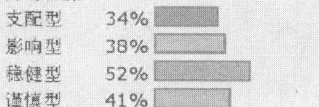

外部因素	
支配型	34%
影响型	38%
稳健型	52%
谨慎型	41%

总结分析表

真实世界里，应试者通常会表现出与内在分析表（直觉行为）及外在分析表（视现状调整的行为），这两种分析表一致的行为。总结分析表是这两种描述个人正常行为图形的综合。

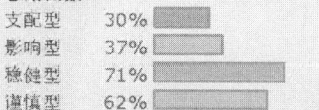

总结因素	
支配型	30%
影响型	37%
稳健型	71%
谨慎型	62%

转换模式

转换模式图形显示应试者的内在和外在分析表之间的改变，并凸显应试者正在进行的性格调整。

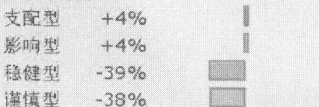

分析表转换	
支配型	+4%
影响型	+4%
稳健型	-39%
谨慎型	-38%

建萍行事内敛沉着，腼腆而不爱出风头。她做事可以避免冲动决策。建萍反应很快，但得到答案之后，她会设置求证的机制，以确保正确性。因此当问到她意见时，她的第一反应往往不是给答案，而是在心里闪过许多问题，来确保自己完全了解情况和发问方的意图。打个比方，如果你问："给个问题你猜下，明天的天气是阴霾还是放晴？"她有可能会想：这是正常问题还是IQ题？

因为建萍有太多的内心求索，遇到问题总是向内找原因，所以她有自我怀疑的倾向。在陌生环境下会启动一种"沉默谨慎"的自我保护机制，但一旦她获得足够的安全感，或者确认自己获得众人肯定，处于有利的地位，她就会显露和蔼可亲的真实内心，展露出活泼甜美的笑容，同时会主动关心他人。所以在熟悉的朋友和家人当中，建萍相当受欢迎。但在新的群体当中，建萍则需要一段观察期。

对人如是，对事也不例外。建萍有相当干练的一面，对于那些她熟悉的，自信完全能掌握的事务，会处理得井井有条而且干净利落。细致精妙的创意能令她有成就感，因此像时装设计、绘画等用手去处理细节的艺术活动会是她擅长的领域。

凡人心歌，小梦大觉

任彩淇

（IFA 认证香港治疗师 专业美容师）

编者按：香港是一个充满梦想的地方，也是一个充满信仰的地方。梦想加上信仰，让这个充满商业味道的金融之都，仍然随处可见行色匆匆而又善良积极的芸芸众生。

彩淇瘦瘦高高，身上有一种特立独行的气质，少许清冷，但让人舒适，想接近。她和人的沟通是积极的，说话大方干脆。看过她的文章，才知她内心柔软纤弱，对这个世界怀抱着敏感的触觉，有很多自己的观察，有很多模糊的计划想去实现。

彩淇的文字充满香港的味道，有一些表达方式也许不是那么符合国内人的习惯。但我尽量保留她的表述，因为从中，我找到了自己与香港的许多感触与感动。

很多人只是从电视剧和香港购物游中去认识这个城市。但是编者在香港工作过一段时间，接触过很多香港人，深深为他们身上那种积极进取、友善宽容的性情所感动。和我们惯常印象中那些香港商人大不相同的是，香港民众喜欢欣赏追求生活中积极的一面，他们怀旧而又随时做好迎接明天的准备，他们尊重信仰、尊重个人，最重要的是，他们尊重自己，从来不会自认行尸走肉，一直追求着个人的突破。

这些香港精神，在彩淇的讲述中处处渗透，讲述了一个平凡女子丰富的内心世界。在此，编者希望能与各位读者做最原汁原味的分享。

白日梦：含着金汤匙出世

平凡如我，能够与读者分享我的沉闷童年，万分荣幸，衷心感谢。儿时，经常做白日梦打造所谓的完美人生。

呱呱坠地，顺利脱离妈妈的子宫，要靠自己呼吸了，周边有不同的面孔在我面前摇晃不定。大人们说说笑笑，把我吵得不能安眠，唯有睁开眼睛看一下未来将与我一起成长的家，让我看一看，这个家很有钱呢！

舒适的小床还有专用奶妈，父母把我打扮得像个小公主，生活无忧，成长中的每一步也有父母帮我铺路。我自小聪明伶俐，读书成绩名列前茅，到处得到老师照顾、朋友相助，就像温室的小花朵，只需安静地在一个盆栽里让人灌溉，等待绽放出一朵美丽小花。

进入适婚年龄，能和一个高大英俊、有学位、对自己温柔、百般宠爱、呵护的男子顺理成章地步入教堂，接下来便生一对龙凤胎，这一对小宝贝当然是精灵可爱地健康成长。

总之，这一切一切都归结为"幸福"两个字。你有没有以上的憧憬？想一想，这足够完美吗？由生命开始至身为人母都是顺利的。当然，其中还带点运气，命中注定的富贵命。但我相信世界上没有多少是幸运儿。

忽然很感慨，想和大家分享一个真实故事，是从报纸上看见的。一个富有爱心从不气馁的单身女士，学历不高，但仍能从工作中找出乐趣，利用自己的空余时间做义工，奉献社会。但最近因为公司把她解雇了，她需要找新工作。但她已经超过五十岁了，在现今社会，总是较难获得聘任。但她没有放弃，参加了香港政府一些课程，例如家务助理、保安员等等。

好不幸的是她参加一个保安课程时，其中一个科目是如何使用灭火器，老师做示范的时候，灭火器是没有问题的，其他同学也没有问题，但当要她示范时，意外便发生了，而且是相当严重，灭火器把她一边脸颊破开，有一只眼睛更严重到失明，实在令人惨不忍睹。她做了一连串手术后，身体仍十分虚弱，但她还记挂明天要做义工一事，"不能出席，对此十分抱歉，请代我说声对不起"。自己读了这篇报导后，也十分难过，祝福她能度过危险期，还她原本积极进取的正常生活。

童年梦：不用照看妹妹

写到离题了，返回我的童年。我出自贫穷的家庭，没有愉快的童年。从六岁开始，母亲就已训练我成为一个佣人、保姆、小工。这意味着什么？家里大小家务如洗碗、扫地、抹地、洗衣服、煮饭，还要负责照看妹妹，把妹妹送上幼儿园。妈妈会拿很多别人的活计回家，例如把牛仔裤剪掉多余的线、串胶花、串项链等，不能尽录。

当时是上世纪六十年代，香港经济刚刚起飞，所有工业方兴未艾。而中国内地尚未开放，香港却拥有很多廉价劳动力帮助推动工业的快速发展。随之而来的，是不断地繁荣，香港这块弹丸之地开始遍地开花，在短短六十年代至九十年代三十年间，从一个兵荒马乱的港湾成长为一个国际都市。

少女梦：从工厂女工到灰姑娘

那一段香港史，大家已经不可能在张爱玲的小说中寻觅到踪影了，但在亦舒、梁凤仪等所著的港派言情小说中可见一斑。当时我是一个十二岁的小女孩，渐渐开始成熟，但我没有像小说中不平凡的女主角一样成为灰姑娘，而是和那时候大多数普通人家的姑娘一样，不甘在家里当一个佣工，苦苦寻求着新生。我要逃开，便需要寻找一个借口——帮家里减轻负担，即帮补家计及赚钱。多伟大无私的想法，实际上我想开始自己赚钱，这样可以享受自由，想干什么都可以。但我始终没能逃离妈妈的魔掌，她要我当一个缝纫女工，还已经帮我找好了工厂，我唯有无奈接受。因为我手脚慢，按照计件的生产方式当然赚不到钱。不久，工厂也发现我无心工作经常走神。厂长把妈妈叫来："把你的女儿带回家吧，浪费工厂机位。"

天无绝人之路，后来我借来一张十八岁身份证进入一家电子公司做女工。那里比工厂好玩许多，很多大姐姐，她们打扮得非常漂亮，经常出席派对、歌舞厅。自己虽然还很小，只有十五岁，但我开朗性格，喜欢一班人玩乐。当时的我五英尺高，烫了一个黑人卷发，戴了一个大乌蝇眼镜，经常穿一件吊带背心和贴身牛仔裤，脚上拖一对日式人字型木屐，当时算是流行装扮了。好像放在现在，也称得上是潮人。后来可能是因为到了青春期，脸上长满了痘痘，于是开始产生自卑感，回避各种约会，对于和异性的交往就更抗拒了。渐渐大家都感觉到我好冷漠。其实我自己不知多苦恼，因为不能去玩，自己一个人待着又会闷，慢慢地越发觉得自己变成了一个怪人。为了解决脸上的痘痘，不惜花大价钱来"留住青春不留痘"。

忽然间，灵光一闪，既然自己喜欢打扮、护理皮肤，不如去投身美容行业。可不知为何，妈妈总是不大喜欢，可能是工作时间长，星期天也要工作，没有多少时间赋闲在家。

青春梦：找到自己的地方

美容这个行业是慢条斯理的工作，它让我的性格也变得愈来愈静。

工作接触的人不多，无需讲太多话。慢慢地，我也变成一个闷蛋。日子就是这样，你不兴风作浪，任由它静静流淌，它也就毫无方向地流动着，甚至感觉不到时间的流逝。转眼间在美容业也有十年时间。脑筋偶然一转，也想当一个小老板。于是租了一个约一百平方的商场铺位，放了两张美容椅和一些简单美容仪器就开铺了。

开铺之前，没有什么详尽计划。个人抱着最悲观的打算——手上储蓄的金钱足够一年租金，就算没有人工，请不起工仔，但只要能够开铺，相信一定可以储备一些客人。终于挨了一年，算了一下，只有寥寥无几的客人。幸好认识了同行，行家给我一半地方用，除了租金减少外，铺位位置也很好，于是生意慢慢做了起来。

可是很多时候，自己静下来时，就会感觉人生好像没意思。为何会有人会自杀——不知道方向在哪里，茫然看不到前路。偶然在报纸上看到实践家讲座，讲授时下趋势、方向把握，惊觉身边都是机会，好奇心之下，一个人进入讲座会。那次由林伟贤老师主讲，他说话很快，国语十分流利。虽然我只能听明白一至两成，但却开始暗暗在想，我真的可以做一个成功商人，让自己退休时，不愁金钱，只做自己喜欢的事情吗？

当然先要加入实践家课程 Money & You，于是开始从另一个角度学习如何营商，不断地重复学习。从一些游戏，诸如现金如何投资这些，来跳出既定的圈圈，进入自己想要的生活。另一个学习机会是 DISC 课程，由 Money & you 引申出来，学习如何了解 D、I、S、C 四种不同性格，由浅入深，了解每一种独特性格，又包含其他三种不同性格。其实这一门是不简单的学问。我慢慢回想起自己的生活经历对性格的影响。儿时就不够胆量说出意见，只管照妈妈安排；少女时工作就是玩，尽量逃避，不想回家；自己做上老板，与顾客、朋友、父母和兄弟姐妹们都没有好好沟通，一直坐等客人上门，全都十分被动，于是错失好多机会。

不过完成了 DISC 基础课程时，真的想好好运用 DISC 里的性格沟通，令人与人之间摩擦减少，变得更圆润，彼此建立良好的人际关系。

下面和大家分享一下自己贫乏人生经历中的一个故事。

我和 M 小姐、A 小姐都是在同一个美容机构工作。我早 M 小姐一年进去，而 A 小姐又比 M 小姐迟一年。M 小姐进入公司后，用极专业的态度审视产品和旗下的美容师，然后埋怨产品价钱贵，美容师资历不够专业，选择了离开，不再使用该公司产品。而我作为前辈，只能暗暗怀疑自己，怀疑公司。

我是 S 性格，通常只会被动地等待。例如等客人约做皮肤护理、朋友约饮茶，就是一味地等。但当我遇上了 A 小姐时，她跟我分享了她如何有效安排公司的美容师工作，而她也还能够有空闲到处参加课程，将学回来的知识再教给公司的员工。A 小姐入行，是因为她脸颊有很多痘痘，看医生不能治好，她失望之际，遇到了这间美

我的人生我做主

容公司，得到了治疗，还给了她美貌，于是她自己也开始投身这项服务，工作上获得很充实的成就感。

A 小姐进入公司后，终日充满活力、时时开心、人际网络越做越大。可能由于她的乐观自信，她对人有很大的影响力和凝聚力，大家都愿意跟 A 小姐合作。想一想 M 小姐和 A 小姐都是做同一家公司，但她们两个人因性格不一样，看待事情有不一样的角度，产生了不一样的结果。这令我明白到，成功不仅仅与专业度、运气和勤奋相关，只要自己肯改变，配合不同性格相互协调，那与人相处是一件多么欢愉的事！大家都在自然环境下，没有不安，每天和平相处，互相关爱，彼此尊重，相信大家在这样的气氛下能创出无穷无尽的生意网络。

有时候行动与脑部配合不一致，对我来讲是一件相当痛苦的事。为什么这么说呢？因为我爱幻想，想象什么都很容易达到。例如朋友说某产品是非常健康的食品，能令身体达到健康的目的。我想，既然产品这么好，我一定要推荐给有需要的朋友，但当我想开口时，却又讲不出来，怕朋友说我想赚钱，什么都要朋友试，害怕被拒绝。回到现实生活，我会把想说的东西吞回肚里，每次都是一样，反反复复已经很多次，都是重复这套行为，多少让我已没兴趣和别人沟通，朋友也开始愈来愈少。

DISC 课程，让我眼前一亮。每一种性格都有优缺点。如何当一个领导者，安排适当位置，整合不同资源，成功建立公司还可以回馈社会。现在我很喜欢留意每个人的说话、反应、态度、行动，再估计他们是 D、I、S、C 哪一种性格。我有一位男士朋友（简称 D 君），他在公司喜欢发号施令，通常只有他讲，而不理会其他人意见，觉得他自己永远是对的，这正是 D 型性格。我跟 D 君太太是很熟的朋友，有时候我跟她聊天，我也会取笑她："喂，看你先生多霸道，你在家里多难受呢？"但她却不同意："他很尊重我的，只要我不愿意做的事情，D君不会勉强我呢！""真的么？"原来 D 型性格也有温柔的一面，所以如果每一个人的型格能运用得好，那满身棱角的性格也会被磨得圆滑。

醒觉：一个名叫学海的人的故事

大部分香港人都有固定强烈的因果意识，有人信命运，有人信风水，有人信如来，有人信基督。

较为传统的香港人都相信每个人甫出生时，就已定了生辰八字，已注定一生命运，相由心生。

有一位男婴出世，父母给他取名叫学海，希冀学海能够学海无涯，做个专业人士，最好就是做个医生，跻身上流社会。于是他带学海给相士批命："这小孩命也不错啊，读书成绩不错啊，他到大学也会学医，成为医生，但命会短些，大概五十多岁。"学海一路长大成人，每一个阶段竟都和相士预料得丝毫不差，读了医科，成了一位出色的医生。但学海母亲开始担心："我的儿子现在是四十多岁，已有一位贤淑太太，但真的还没有孩子，难道真如此灵验？我的儿子真是寿终五十多岁吗？忧心忧心呢！"

适逢学海有一个小假期，他参加了一个静坐养生会，要求每位学员能静心、不眠、没有杂念，但只有学海能做到要求。导师察觉，甚为不解：学海很难得可以坚持静坐，不起杂念，似乎不受世俗杂念、欲望所扰。

于是导师问："学海你为何能有如此修为呢？是否看破红尘或者其他缘故？"

学海说："自幼家母把我的生辰八字拿去批命，相当之准。命书说我还有十多年寿命，那我还有何求呢？"

导师说："你真的没有要求吗？"

学海想一想："假如真的有选择，我还是希望有个孩子，能够长命看着孩子成长。"

导师回答："学海枉你是一位医生，难道你不知道现在科学多神奇，皮肤也可以取出基因培养成为精子和卵子呢。命固然可以被算定，但是人的修炼却是充满无穷变量啊！"

学海这第一次静下心来，好好想想自己过往，是被算定的多，还是修炼得来的多。

求学时期，他的目标是将来考高分读医科。每一门功课都不敢怠慢，一丝不苟。后来做医生，不能出人命。每一个知识点都要精准到位，绝不容马虎。慢慢地，他习惯了追求真相真理的学习与工作态度，"精准"，是凭着医科生的职业良知而养成的习惯。后来真的做了医生，对医疗报告，对每一项医疗计划一丝不苟，理所当然。

后来认识太太，忽然在严谨的八小时外，自动学会浪漫，渐渐尝试风趣幽默，只为讨得美人欢心。面对自己的爱人和亲人，即使最铁石心肠的人，也有融化的时候。于是不再事事讲求客观和道理，也开始关注别人的看法和接受度。人也渐渐变得开朗起来，讲笑话做绅士，也成为可以学来的习惯。慢慢地，建立起自己的人脉网络，利用医生的专业资格去帮助更多的人——做国际义工，医治不同的第三世界有需要的朋友。

加入国际义工的群体，他也开始接受这个组织的信念。和朋友一起，不知不觉也学会了担当稳定支持的角色，努力不懈地帮助有需要的朋友，心中有了更多的淡定和宽容。

学海静心回想，心中有所顿悟：原来所谓命定，只是自己无意识的修炼。而接下来的命运走向，也全赖自己的努力。

　　医学发达，果真令学海医生有了一个精灵宝贝。当然，学海仍努力继续着自己的人生。

　　时间过得匆忙，学海做国际义工医生已经相当有经验，够资格晋升为一个领导策划者，能独当一面安排和带领新义工医生去工作。从此，他肩上的责任更重了，不自觉也开始以目标为重，学会雷厉风行、斩钉截铁。

　　一个晚上，他回顾了自己一下，时间过得真快，转眼间儿子今年都大学毕业，差点儿忘记了。这几年，除去在香港的工作时间，其余的时间已经全部贡献给第三世界，他也忘记了相士所说的寿终时间。蓦地想起命由己握，相由心生，多做善事才是正解。

结尾：开心面对

　　所谓性情中人，我们常以为是天生，岂不知后天的历练才是那熔金的火炉。学习令我们学会思考和严谨，那就是 DISC 中的 C——谨慎型；爱让我们学会放松和享受人际交往，那就是 DISC 中的 I——影响型；支持和关怀让我们变得更包容和懂得奉献，那就是 DISC 中的 S——稳定型；责任让我们变得更果断和坚定，那就是 DISC 中的 D——支配型。

　　DISC 包含了人生的各个方面。每个人身上都有 DISC，只是各项指数孰多孰少的问题。

　　修炼性情，能让自己更开心地面对人生，将原来的性格略作调整，放在合适位置，让它们各自发挥作用，产生效能。同时，也让思考把我们变得强大，让爱贯穿始终，让善意将世界变得更美好，让坚持凝聚我们一路走下去。

希望 DISC 帮到你！

最后，也有一则好消息，开篇提到的那位热心做义工的单身女士已经脱离危险期。

多谢幸运之神的眷顾！

附：任彩淇女士的 DISCUS 性格分析报告

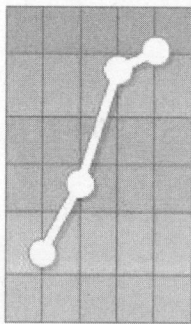

DISC

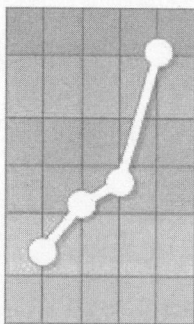

DISC

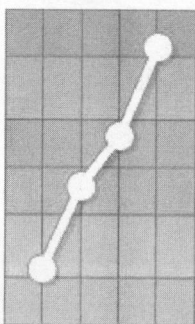

DISC

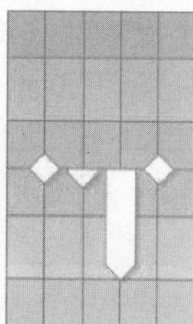

DISC

内在分析表

内在分析表的最高点，代表着你最自然真实的内在动机和欲求。这种行为之所以常在你处于压力时显现，是因为你没有"空间"或时间调整行为。

内在因素	
支配型	22%
影响型	44%
稳健型	80%
谨慎型	86%

外在分析表

外在分析表描述应试者认为自己应呈现的理想行为。这种图形通常代表个人试图在工作中采用的行为类型。

外部因素	
支配型	23%
影响型	38%
稳健型	45%
谨慎型	86%

总结分析表

真实世界里，应试者通常会表现出与内在分析表（直觉行为）及外在分析表（视现状调整的行为），这两种分析表一致的行为。总结分析表是这两种描述个人正常行为图形的综合。

总结因素	
支配型	18%
影响型	44%
稳健型	60%
谨慎型	88%

分析表转换	
支配型	+1%
影响型	-6%
稳健型	-35%
谨慎型	0%

我的人生我做主

288

彩淇天性腼腆安静,总是害怕冒犯别人。她看上去有点内向沉默,好像即使独处也非常怡然自得。实际上她很在乎大家的感受和想法,她希望自己视线范围内的每一个人都能开心快乐。基于这一点,她会倾向于选择服务行业,如果自己的专业能给客户带来愉悦,她就能从中获得很大成就感。

与他人共事时,彩淇表现得特别有生产力。她在团队或群体中绩效良好,在事情的层面上她天生就能很好地配合和执行,并且因为自己是团队的一分子而感到有安全感。如果确认自己对于团队有价值,她就能从中获得个人价值的自我肯定。她有强烈的组织纪律性,值得信赖,必要时会毫不犹豫地为了团队利益而牺牲个人利益。

在人际交往中,彩淇信奉"君子之交淡如水"的原则,她不会表露强烈的个人情感,但是却非常念旧。如果在社交中得到鼓励和肯定,会帮助她树立起自信,她也会尽力变得更活跃。有时候并不是她不想说话,而是她的话题实在是少——分享私密话题她怕自己控制不了,表达观点又怕不能获得别人的认同。

目前彩淇可能正在寻求更多的改变,希望能有一些突破,变得更为雷厉风行,因此她的 S 大幅下降。这给她带来一些明显的压力。如果她能放松一点,逐步调整会更有利于她个人事业的发展。

小磨难，大志气

曾雪敏

（Snow kiss影雪纤体美容中心创办人）

编者按：看雪敏的文章时，泪盈满眶。大部分人都可以说自己有过艰难的时刻，但相信并不是很多人有像雪敏这样在这么小的年纪就要经受那么多磨难，而最难能可贵的是，她坚强地生存下来，并且自强不息地创立了属于自己的美好生活。没有人可以不尊敬她，没有人可以不被这样的雪敏感动。

第一次注意雪敏时，是雪敏做组长带领一群人体验自己做创意拍广告。她在镜头前面扮演一个颓丧的少妇，经过一扇门之后，再出来，是另一个靓丽的角色——成功变身！宣传点是"两分钟变美丽"，玩笑多于推销。但是这个快乐的创意，让每个演员都全情投入：颓丧的少妇、美丽的少女、好色的登徒子……大家都说，雪敏牺牲最多，敢于扮丑，大家没有理由不投入。我想这就是雪敏的力量。

坎坷：四岁开始叫卖

小时候的我，因为经历坎坷，为了激励自己，就像收集银币一样收集着自己喜欢的座右铭，鼓励自己克服困难，坚持走下去。怀着诸如"打不死的精神"、"坚持到底永不放弃"、"世上没有失败只有未成功"、"放弃才是真正的失败"、"跌倒时要立即站起"、"努力最终必得成功"、"真爱是永恒"这些座右铭去做人，一直向自己所谓的成功奔去。每当到达一个目标时，却发现原来很容易跌入自己的陷阱，以为到了终点可停下脚步。其实达到了自己设定的目标时，更要小心处理，开心时更要不断修正，定下更大目标，帮助更多人，为更多人的美丽和健康，寻求更大进步，为企业员工创造更大福利及前景，为社会贡献更多才是永恒的真理。

以上啰唆了一通大道理，也许读者已经有点不耐烦，下面我要正式开始自己的故事，让大家能明白，我有以上感言的前因后果。

我是家中的长女，下面还有两个弟弟，生于一个小康之家。爸爸在家自设制衣工厂，妈妈也在家帮忙及用流动车子售卖童装，一家人生活得快快乐乐。

四岁的时候，妈妈患了肺结核，一切都开始发生变化。爸爸忧心忡忡，我们也很担心妈妈的健康，所以放学后会第一时间跑去帮妈妈卖童装。我穿着爸爸做的童装，当小小模特儿，与妈妈一起叫卖。有人来买童装时，要学会甜甜地对着叔叔阿姨笑，向他们问好，并且询问他们家里的小朋友几岁。如果客人决定要购买，还抢着找合适码数的童装给他们，这样客人往往会很开心，说不定会多买两件。然后我大声叫妈妈收钱，一直到把包好的衣服递过去，一个工作流

291

程便大体完成了。

每晚七时就和妈妈一起收拾流动小贩车，和妈妈一起推，推到已租用来放这车子的房间内，再和妈妈手拉手回家吃晚饭去。

妈妈平时喜欢用故事教我们做人的道理，教我们有礼待人，真诚谦逊、勤以补拙，遇到事情要冷静想办法，坚强面对，凡事总有办法解决，不能轻易放弃。她平日也最爱看黑白的粤语长片，尤其是童星冯宝宝做主角的。她也生于贫穷的家，自己吃苦耐劳去做童工赚钱帮补家计，遇到困难，她从不畏惧而且还会以机智脱险，最后想办法帮助家庭。我希望自己也能像她这样独立自强，所以我把她当做我的偶像。

这样平平安安过了三年，我以为每天努力地为妈妈工作，可以切实地帮助到她，她的病就可以快点痊愈，但她的病不但没有痊愈，反而开始逐渐恶化。一家人都很担心，但也很无奈，痛心之余觉得自己很渺小，没有能力帮到妈妈。只能每天提醒她吃药、倒水及陪她吃药。可她仍坚持要去卖童装，我和弟弟只好跟着妈妈去，帮她推车子，帮她当小小模特儿，沿途叫卖，找合适码数的童装给客人，叫妈妈收钱，为客人把童装包起来……直到晚上回家吃饭。我每晚都会许愿——希望妈妈痊愈。

有一天，我们像往常一样在街上卖童装，妈妈突然间不同寻常地咳嗽起来，止都止不住。还边咳边走着，我担心她，叫弟弟看着货品，我去跟着妈妈。但妈妈并不想我跟着她，她就躲入一所大厦内，不见影踪。我只能一层一层找她，终于看到母亲的背影在小巷里闪过。我走进小巷内，看到地上一大摊血，用纸巾盖着。我看到很伤心，因为自己知道肺结核，到很严重的时候，就会咳出血来，那和我在"粤语长片"内看到的剧情一样。

好难过！

我快步回到流动小贩车，已看见妈妈努力地在销售童装，装做什么都没有发生，我也不敢告诉弟弟自己看见了什么。直到回到家我才悄悄告诉爸爸。

爸爸劝妈妈入院接受治疗，但妈妈觉得我们年纪太小，怕入院后没有人照顾我们，也担心经济问题，所以拒绝入院。爸爸很担心，找了表舅父、舅公和其他亲友一起劝她入院，花了许多时间才劝服她。

我和弟弟知道妈妈入院了很高兴，觉得妈妈会很快痊愈，但爸爸送了妈妈入院后，回来沮丧地对我们姐弟说："我送你们妈妈入院的时候，院长说她一早就该入院了，拖到现在，情况已经很严重，痊愈机会很低很低。院长还把签名的笔也丢到垃圾桶里，让工人带她到病房，自己气冲冲就走了。我和表舅父、舅公陪着她上病房的。"听了后我和弟弟都很伤心，心里非常害怕妈妈会离开我们！但入了医院，总算有一丝痊愈的机会，如果留在家中，就只能等死。

苦尽：八岁养活弟弟

妈妈入了医院，家中的情况就变了，爸爸没有了妈妈的帮忙，生意经营也变得心不在焉。心里总是牵挂着医院，每天除了煲汤去探视妈妈，还要照顾我们，又要工作，又要管理员工，又要推着小贩车子去卖童装。

这么重的生活压力，让爸爸的性情也变得烦躁起来。就在妈妈入院一年半后，爸爸结束了他自己所创办的生意，然后到朋友的工厂内打工。

当时我年纪虽小，只有八岁，但记得爸爸把所有的缝纫机、纽扣机、剪刀、布匹……一切厂内的东西全部卖掉。工厂结束了，家里也要清空。工人来搬走物品的一刻，我看见爸爸舍不得的眼神，无奈的心情，一直沉默着。我还记得当时，我拿起童装的纸板样说："不用怕！有这些！等妈妈出院后我们从头再开始。"没想到，爸爸竟拿起童装纸板样把它折断。我当时很紧张地说："你把它们都弄断了，怎么从头再开始啊？"爸爸说："结束了，就以后都不再做了！"我听了后就开始号啕大哭，无奈地看着断了的纸板样，心里很希望妈妈能早点出院回到我们身边！

以往在家里开个童装制衣工厂，每天都有爸爸、妈妈、我、弟弟和三位工人上班，自从妈妈入了医院，工厂结束了，爸爸到朋友的工厂内上班，家就变得很冷清了，只有我和弟弟，而最小的弟弟就只能交给亲友照顾。

我们每天自行上学，我选择上午校，放学比较早。放学后就回家做饭给弟弟吃，弟弟选择下午校，吃过午饭后才上学去。然后我洗碗，做功课。做完功课，洗全家人的衣服、打扫、买菜、做晚饭，等弟弟和爸爸回来吃饭。

妈妈患的是高度传染病，我和弟弟都不能到医院探望妈妈，当年通讯设备落后，病人在院方安排下，才可以用电话。每星期妈妈会打两次电话回家，每到星期三和星期五，我们就在电话旁一直等。我记得每次都告诉妈妈很想念她，问妈妈有没好一点，何时可以回家和我们一起。有时妈妈听了都哭起来，我听到她的哭声，自己也忍不住哭起来！

记得有一次我看见同学有妈妈陪着上学，很快乐，在妈妈打电话回家时，我便告诉她："我看见同学有妈妈陪他上学，我也希望妈妈快点出院陪我上学去。"想不到一句简单而天真的话，妈妈听了竟泣不成声。听到妈妈哭了，我才知道这个小小的请求，原来是一个

我的人生我做主

令妈妈心痛的请求，所以以后都不敢再提了。

工厂结束后，爸爸虽然在朋友的工厂内工作，但意志消沉，由于妈妈的病情一直没有好转，他除了上班外，还要照顾妈妈和我们，更要应付日常开支和医疗费，爸爸收入有限，入不敷出，交不起房租，业主时常催促交租。爸爸面对沉重的生活压力，突然不回家了，也没有放下生活费给我和弟弟。我们到处打电话找他，有时碰巧找到了，他只说有很多工作做，今晚不能回家了。每次都是这样，我们没有钱吃饭了，他只说："看看家里还有什么可吃的？爸爸很忙啊！不能回家。"我们听了，便说："爸爸放心吧！我们看看吧！"其实家里早就没有食物了，我和弟弟都饿着肚子在家巴望着爸爸回来。后来我和弟弟想了一个办法：就是把爸爸留在家的尾货童装游泳裤，拿到街上卖掉来换钱。结果我们真的拿货去卖，赚了几块钱，就到街市买鱼买菜做晚饭，晚上剩下的饭菜就留来做早、午餐。业主来收租，我和弟弟一起苦苦哀求，求他等到爸爸回来才来收租。

学校的书簿费，我也没钱付。当时同桌的同学知道我的困难，把她的零用钱拿来帮我。后来有钱才慢慢还给她，我到现在也还十分感激她。功课上有不懂的地方，我便向老师请教，而父母不在身边时很多事情也会向老师、同学、朋友请教及寻求帮忙，直到现在我也很感谢他们，珍惜他们。

不回家的爸爸，在一个月后的一个晚上回来。当时我正在做晚饭时，门铃响起来，我和弟弟高高兴兴地开门迎接爸爸入门，爸爸在门外已闻到饭香，回到家正要开饭，爸爸问："你们怎么会有钱买菜做饭呢？"我和弟弟高兴地告诉爸爸，我们每天把他多年存放在家的尾货童装游泳裤，拿到街上售卖，赚了几块钱便收工去买菜做晚饭。爸爸听了后眼泛泪光，抱着我们。从此爸爸下班便回家和我们一起。

甘来：终与妈妈团聚

一转眼，妈妈入院已经三年。有一天爸爸回来告诉我们，妈妈下星期可以出院了！我们都欣喜若狂，原来肺结核的特效药发明出来了，妈妈的病终于得以根治。

妈妈真的回家了，艰辛的日子过去，一家人又开始幸幸福福地生活。

但幸福的日子只过了四年，妈妈可能怕病情复发，随时会死，竟染上赌瘾，一家人又不得不为她再次担心。

因为家庭环境的变迁，随时都有可能掉入困境，所以自小就已明白，有好日子过时，要努力读书，增值自己，以防万一。我中三时已在补习社替小学生补习帮补家计，剩余的钱就存起来用来读书和作为备用。

我的兴趣在音乐和艺术方面，在中四的时候，因为有小小的积蓄，终于有机会学钢琴，我很努力地学，也跳考级数，直至考获六级，因为工作繁忙没时间练琴，所以暂时搁置。

毕业后，我考入一所很好的艺术学院。两年后毕业于平面及广告设计，成为一名设计师。我很喜欢设计的工作，只要用心便能换来千变万化，其中不但很多学习机会，而且让人乐在其中。但工作很忙，日夜不分，通宵达旦赶工。但见到我们的制成品，从无到有，活现眼前，有一种说不出的快乐和满足感。

青春：伴随痘痘而来

因为工作时间过长，日夜颠倒，弄至自己整张面孔的青春痘越来越严重。除脓胞、疤痕外，还留下许多凹凸，后来更要四处求医，由于工作是要见客人的，每一个客人除了不忘我的设计，也不忘我脸上的青春痘。每次客人都叫我快快去看医生，他们都关心地说："女儿家的皮肤和容貌很重要啊！再不治疗，那长出来的痘痘和凹凸洞将来会毁容啊！千万不要掉以轻心！"

家人在我中学读书时期就开始见我不停长青春痘，毕业后好了一点点，直至出来工作竟比先前更严重，他们都为我担心。尤其是妈妈，她一会儿带我看西医，一会儿又带我看中医，两年来好了一点点后，不到三个月又复发。后来没法子，就只有放弃医治。

美容：久病成良医

中药西药都只能治标不治本，后来我采用了一种美容学的方法，坚持一年后，情况开始好转，脸上光滑了很多。由于害怕再复发，我就去学美容治疗技术，争取把自己的皮肤改善过来，直至痊愈。

两年后皮肤改善了八成，再也不长青春痘了，连凹凸洞也平滑了许多，在街上遇见朋友，都认不出我来，以为我整容了，因为皮肤焕然一新，没有了那些青春的痕迹。

皮肤好了许多后，我身边的家人、亲戚、朋友、同事都来问我的皮肤为什么会产生这些变化。我便告诉他们自己变好的过程及方法。他们希望我教他们怎样把皮肤变好，我就把方法教给他们并跟进他们的进度，见证他们的好转。他们好了，又介绍朋友来找我，就是这样，越来越多朋友想我教他们拥有美丽肌肤的秘诀。

见到许多朋友皮肤都越来越美丽，我满心欢喜。此外也看到朋友皮肤变好后，除了人更自信外，她们的人生也仿佛发生了改变，变得更顺利更容易获得别人的欣赏和赞许。回想以往的我，一脸青春痘，连正眼瞧人的勇气都没有，说话也不太自信，怕人介意和一个满脸油光的人交谈，头发也拉得长长的，用来遮掩脸边的青春痘。曾有人对我说我的头发盖着脸显得很没有精神，这对我无疑是个大障碍，开始更不敢和别人交谈了。这样的状态，想要获得别人的欣赏和赞同，实在是很艰难。但我其实是一位活泼且爱说话的人，于是在皮肤好了之后，就把长发剪掉，换来一头清爽短发，比以往笑得更多，更活泼更健谈……我也变回真正的我。

渐渐地我爱上这份工作，有时候想一下，自己做一个设计师，作品可以给人耳目一新的设计，让人眼前一亮，但可能也只是眼前一亮，自己很快又要构思别的设计方案，而客户看了其他新设计，说不定很快就忘了你。而做一个皮肤学的老师和治疗师加上设计师，设计人的面孔，把他治疗好，也可让人耳目一新，眼前一亮。变好了的皮肤，只要平日有适当的家居护理及定时保养，也可以保持美丽，甚至让时光倒流十至二十年，皮肤美丽了，容貌也就更美丽，同时还可以令人重拾自信，改变人生，令人生更美好，岂不是意义更大？

于是自己对美容、扮靓的兴趣日渐浓厚。后来就全情投入，家人、朋友、老师也很支持，也给了许多意见，客人渐渐多了起来。为了方便想找我的朋友及客人，我就用了自己毕生积蓄，在1993年3月开设了一所小小的美容店，店内有三张美容床，一个小小的柜台，就是这样，我开始了我任重道远的美容学治疗师生涯。

每天为想寻求改善皮肤的人研究、沟通、治疗，她们一个个地渐渐好转，总会让我莫名感动。渐渐地，越来越多的客人成为我的朋友。由于自小得到许多师长、朋友的帮忙和照顾，也因差点就痛失妈妈的惨痛经历，所以自己对人都特别珍惜，也非常真诚。

客人皮肤变得更好，她们就都成了我的活招牌，客人又再为我介绍客人，地方渐渐变得不够用。两年后，又再迁到比原来大一倍多的地方，多了一张床位，也多了可以让客人坐着等候的地方。工作越来越忙，自己请来了一位学生来做助理治疗师，营业时间也越拉越长。

一年半后，地方再次不够用，就搬到附近的地铺，面积比先前大十倍，环境也变得舒服了不少，有客人等候区、休息区、美容室、按摩室……

结尾：风雨十七年

美容店再扩大之后，我们有了系统的管理，打好根基后，也开设了我们的分店，当中也经历许多风风雨雨，起起落落，这样一做就做了十七年……公司依然在持续成长，中间不断加入投资者、发展人才和加盟经营者，为公司的未来扩充铺路。

我们的使命：以我们的皮肤学精湛技术为人们缔造健康美丽皮肤，带出自信灿烂的人生，贡献社会。

上天给我这一切一切，我很感恩和珍惜，也感谢和我一起走这条成长道路的所有人，因为我们的互相扶持及鼓励，才有今天的成绩。希望以我所长，继续帮助那些想拥有健康美丽的人、有志创业的人、想学习皮肤学治疗技术的人、想投资的人、想加入我们大家庭的人，我有许多许多和你们分享，也想听你们分享的故事，让大家一起成长一起进步，大家互相勉励！加油！

附：曾雪敏女士的 DISCUS 性格分析报告

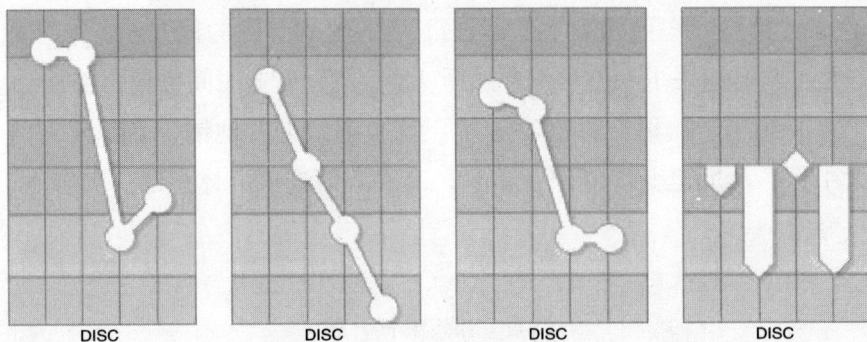

DISC DISC DISC DISC

内在分析表

内在分析表的最高点，代表着你最自然真实的内在动机和欲求。这种行为之所以常在你处于压力时显现，是因为你没有 " 空间 " 或时间调整行为。

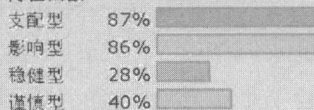

内在因素	
支配型	87%
影响型	86%
稳健型	28%
谨慎型	40%

外在分析表

外在分析表描述应试者认为自己应呈现的理想行为。这种图形通常代表个人试图在工作中采用的行为类型。

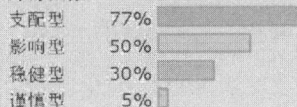

外部因素	
支配型	77%
影响型	50%
稳健型	30%
谨慎型	5%

总结分析表

真实世界里，应试者通常会表现出与内在分析表（直觉行为）及外在分析表（视现状调整的行为），这两种分析表一致的行为。总结分析表是这两种描述个人正常行为图形的综合。

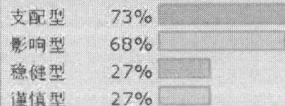

总结因素	
支配型	73%
影响型	68%
稳健型	27%
谨慎型	27%

转换模式

转换模式图形显示应试者的内在和外在分析表之间的改变，并凸显应试者正在进行的性格调整。

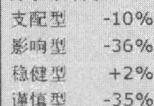

分析表转换	
支配型	-10%
影响型	-36%
稳健型	+2%
谨慎型	-35%

我的人生我做主

300

雪敏兼具独立和热情的特质，这在女性中相对少见。她性格活泼，善于主动出击。在她身边的人常常能感受到她身上充满的能量，时刻给予人正面的暗示。因此她的朋友会因为她的带动而变得快乐。因此她很容易能聚集到人气，大家愿意跟着她一起拼搏并感受她的热情和创意。

高 D 高 I，能带给她无穷的创意。她喜欢变化，喜欢创造，而不愿因循守旧，是积极进取的"革命"分子。因此她在人群中极富煽动力，幽默而屡有惊人言论，给人耳目一新的感觉。同时她保持了一分优雅，而不流于哗众取宠，因此深受欢迎。

她喜欢把握方向，从大方向着眼。对于那些有可能会阻挡自己进程的细枝末节，她会选择忽略。但一旦她重视起来，又会以非常强势的态度去落实。因此做她的员工，需要把握她现阶段的行事节奏，去做好配合。无须担心她的方向或节奏安排错误，她可是非常能把握大局的呢。

人生是不断学习的过程

黄佩霞

（香港会计师公会会员 英国会计师公会资深会员）

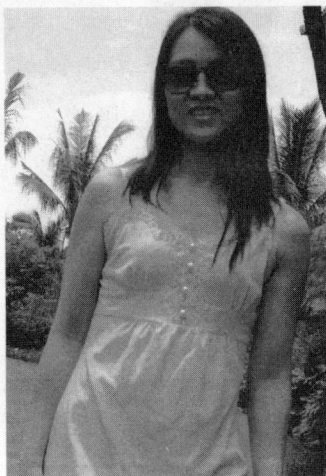

编者按：佩霞在人群中显得异常安静乖巧，颠覆了我们对于会计师严肃刻板的印象。大家讨论事情时，她喜欢默默地点头或者默默地摇头，有时候提醒我们一些被忽略的关键信息。因此在发表自己结论的时候，我习惯于看看她的反应，如果她有赞同的迹象，我便有更多信心去做"结案陈词"。我想这就是专业人士的力量，让人信赖。但她真的没有强势的迹象，像邻家女孩，要不要去注意她去读她，完全在于你自己的选择。

儿时：最爱图书馆

最近我有机会带领一个小组，一同分享"爱家庭"这个主题，其中有一个环节是分享大家童年时最深刻的一些快乐片段。我们都是些很久没有回忆过这些陈年旧事的人。有些组员很轻松地拿出了与家人一起去旅游和爬山的快乐，我绞尽脑汁，脑海里却浮现不出如此这般的快乐画面，这时才发现，自己的童年缺少了亲子和家庭活动的欢乐时光，心底里真的非常遗憾。我最记得的活动，无非都是些经常与兄弟姐妹们一起到公园荡秋千和玩滑梯这样的寻常画面而已。

还记得我们姐妹们最爱到的地方就是图书馆。除了看书，就是参加那里举办的填色比赛，也许是因为格外的投入和别出心裁的创意，获奖是家常便饭。奖品有铅笔、橡皮擦和尺子等文具，得奖作品还会张贴于图书馆的壁板上一段时间。虽然现在看来，都是"小儿科"，但在孩子的眼里，这些"成就"却是一种闪烁着荣耀的鼓励和认同，为我们带来许多自信和快乐。

家庭：学做"夹心饼"

许多人认为人的性格是天生的，我也赞同，但我认为后天的因素也有很大的影响。

小时候，父母作为工薪阶层，来回奔波于繁忙的工作与照顾家庭的柴米油盐之间，没有时间来专门料理我们小孩子的情绪和想法，那些电视和电影画面中的悠闲生活都是童话，我当时也很理解父母的无奈。后来，父母开始经常在家庭经济上出现争执，这让我幼小心灵受到很大的伤害，我想只有真正经历过的人，才能完全体会和理解。

尽管是在争吵和喧闹中长大，我天生还是喜爱和谐，待人也比较随和有耐性。其中很重要的原因也是因为自己在众兄弟姊妹之中排在中间，很容易被父母亲所忽略，自己既要承担"大的"分派下来的任务，又要照顾"小的"的无理哭闹，成为大小人儿矛盾摩擦的缓冲地带，也成为父母杀鸡儆猴的出气筒。于是渐渐地学会忍气吞声，默默承受。

303

所幸我并没有因此扭曲自己的本质和观念，反而强化了天生的性格特质，更能易于设身处地为别人着想，但同时面对压力时容易变得犹疑不决和唯命是从。

成长：都是自己拿主意

在家中得不到认同和鼓励，在学校里我也只是平凡和被漠视的一群。传统的学校教育，总不免是一些令人郁闷得想撞墙的背诵和默写，再加上老师的权威和他们对乖孩子的赞许，让我学会了避免犯错，少做少错，不做不错。

还记得在小学的时候，班中有一位小男孩经常被校长责罚，他倔强的性格，就像电影里那些永不妥协的好莱坞英雄。越是被罚，越是不服气，宁可自己被打得满身伤痕，也从不开口承认自己的错误。不记得他犯了什么过错，但无非都是些迟到、早退、不交作业一类，以这样的方式去对待一个小孩子，实在非常残忍。我也曾被这位校长无故地责罚过一次，连我也不知道自己究竟犯了什么罪行。她说因为我"笑"，是窃笑、说笑、还是戏笑！真是可笑！

上了中学，学校里的读书气氛浓厚。为了应付无止境的背诵默写、测验和考试，同学们不得不加倍努力地学习，在学业成绩上的竞争也异常激烈，每个人都希望能凭最后一跃成为过龙门的那条金鲤鱼，于是拼命抢占靠前的位置。为了免受师长的责骂，也为了证明自己的能力，我也尽量奋力向前。读书是自己的责任，无可推诿，只能辛勤地学习，学业成绩也无过无失。

还好，在周末的时候，我偶尔也会和一些要好的同学，一起骑单车、烧烤、拍照和逛街，为我枯燥的学业生涯增添了一点色彩。

我的人生我做主

中学毕业时，父母没有提供任何指导和方向（可能他们不知道怎样提供意见），于是我自己决定我的前途。为了不用再去走进那些没有丝毫乐趣的学生课堂，我选择了放弃升读大学的机会，改读一些职业教育。因为对会计有着浓厚的兴趣，所以我便去修读了一个会计文凭的课程。生平第一次做了决定自己人生的决定，责任心自然和往日不同。为了证实自己的能力，也为了证明自己所作出的是正确选择，我很努力，读书成绩也称得上优秀。

与此同时，我也开始了自己的职业生涯。白天我忙于应付工作，晚上则坚持自修。几年时间，便成功考取了专业会计师资格。随后，我又完成了会计硕士课程。工作方面也还顺遂，有机会被赏识去带领六七人的团队，让我学会在困难中学习，积极地去补足自己的弱点，善用自己的强项。非常感谢各位上司和同事们对我的接纳，也感谢那些不接纳我的人，他们都给了我一些很好的学习机会，让我的生命得以多彩多姿。

从业多年，回头望望，很庆幸自己选择了一份适合自己的工作。能力固然是胜任一份工作的基础，但性格却是决定是否能持续优秀的关键。我天性细致耐心、稳定安全，这也让我在会计这个领域能发挥到性格上的优势，使其成为工作的推动力。在后期带团队的时候，这种性格的力量也影响到团队里的成员，关键的时候成为他们安心的后盾。

女儿：给我最大的动力

女儿出世至今，才短短三年的时间，我就已经开启了自己生命中的一个新历程。人生仿佛获得了全新的动力。虽然照顾女儿要付出很多时间和精力，但她开朗的性格、充满阳光气息的心境，让我心里充满无限的喜乐和对未来的憧憬。她使整个家庭每天都充满欢声笑语，而我也能见证一个小生命的诞生和成长，体验着生命的奥妙与乐趣，也算何其幸哉！

成为母亲之后，我更能体会做父母无条件付出的艰辛与甘愿。非常感谢我的母亲，在我心中，她是最值得敬爱的人。母亲的勤奋、尽责、正直、勇敢、坚毅和慈爱，常常给我无形的力量。她爱护自己的每一个孩子，虽然我与她真情交流的时刻不多，但这丝毫不影响她在我心中的温暖形象。她的价值观和对生命的热诚，深深影响着我。

教养：从心出发

所有初为人父母的家长都是没有经验的，从实践中学习去当父母，通过参考专家和长辈的经验，开始学习，慢慢积累，揉面一样不辨是非地先掺杂一起，然后不断调整教养的方法。我想每一个父母都会希望小孩真的能像面团一样，捏成自己所想的那个样子。但是我们知道，这并不是好的教育方法。

我曾经当过儿童主日学的老师，经常引用"箴言"作为教养的基石："教养孩童使他走当行的道，就是到老他也不会偏离"。那时还没有小孩，不能体会当中的真意。现在，当了母亲，多了一点体会和理解。上了关于性格分析的课程后，更是加强和完善了我的分析，认识到应该根据孩子的内在天性给他适合的教养方法。小孩子不是面团，他们有自己的骨骼筋脉。而父母的教养能帮他们找到自己的血肉，协助他们健康成长。家长要在行为模式上做更全面的引领，扶持他们在当行的正路上不断向前。

学会欣赏

偶然在街上会见到父母打骂他们的孩子，用词实在不堪入耳。我相信每一个父母都疼爱自己的孩子，可一旦孩子犯错却往往用打骂和惩罚的方法，他们不知道这样的方法对孩子有极大的影响力乃至杀伤力。在打骂和惩罚中长大的孩子，可能会不知不觉间形成这样的思维模式——否定自己的价值、愤世嫉俗的思想、报复的心态、盲目服从……更重要的是，他们会下意识地觉得暴力是一种很好的达成目的的手段，我想这是大家都不愿意见到的结果。

如果父母们爱自己的孩子，请不要再骂孩子是笨蛋了。他们的思维方式跟你们不同，也许你的孩子是天才，只是暂无用武之地，而你却没有留意和欣赏他们的优势。爱因斯坦到四岁还不会说话，大家都认为他一定是个笨蛋，可是他的成就却颠覆了人类的思维，影响了世界的进程。

了解潜能

不少父母喜欢送孩子参加不同的课余活动，目的是要培养他们的多元智能，把他们装备成为竞争力强的小孩子。这些父母为了栽培孩子，宁愿自己节衣缩食，这种无私精神实在值得我们敬佩。可并不是所有父母都清楚孩子的兴趣和专长，通常他们都是抱着人有我有的心态，油多无坏菜，学多几样便知哪样更好。于是活动时间安排紧密，课余时间也被学习挤得满满的，让孩子开始吃不消。

电视剧《蜗居》里的宋思明说："做十样事情，哪怕只有一样起作用，这种作用可能已经能影响你一生。"我想这种思维模式无可非议。但因此而不考虑孩子的接受度，甚至强迫孩子参与一些他们不喜爱的活动，心想"孩子还不懂事，将来孩子自己就会明白"，这样并不见得真正对孩子有益。虽然最后可能会发现成效不大，但在父母心中，这是尽力帮助孩子做的一点准备，一旦选对了，对孩子未来发展的好处无可限量。

我身为母亲，很容易理解这种想法，但在认识了人的不同行为模式后，我更有把握去了解孩子的天性，按照他们的天性去发掘他们的优势，去满足他们不同和独特的个性。

听过一个故事：上天给了你两粒种子，但却没有告诉你是什么植物，只叫你好好培养，让它们苗壮成长。你只要把植物需要的条件——水分、空气、阳光和土壤给它们，不久幼苗就开始成长，很快便会开花，然后长出成熟的果子来，最后才知道它们一棵是苹果树，一棵是橘子树。现在你便需要用不同的方法来培植它们了，它们需要不同的水和肥料，还需要不同的修剪和照料。

在教养上也是一样，每一个孩子都需要用不同的方法去培育。研究显示，双胞胎即使生长在同一成长环境，用同样的方法去培养，他们的成就也会各有不同。每一个孩子都是不同的，因材施教才是最有效的方法。

而另一方面，单是了解孩子的个性模式还不够，我们还需要知道自己是什么样的人。为什么？因为孩子和父母的关系是互动的，在大家相处的过程中，自己扮演着什么角色，感觉如何，大家的性格类型是互相补充还是互相抵触。透过 DISC 的个人测评系统，可以了解自己，让我知道自己在哪一方面需要修正，从而在教养上能事半功倍。

满足好奇的天性

常听有人说"可怕的两岁"，我自己也有这样的经历。记得女儿快要两岁时，开始对我们的要求总是说"不"，还故意做一些跟我们的要求逆反的行为，很是顽皮！我们却急得像热锅上的蚂蚁，有什么办法去修正呢？很快，在不知不觉的过程中，她的态度已经自行改善了，到现在我反觉得她是个乖巧和善解人意的小女孩。

其实我们没有用过什么特别的方法，只是尽量满足了她的好奇天性，加上大人对她的信任和鼓励，让她从中获得安全感。我们经常会通过拥抱、温暖的对话等方式来和她确认彼此的关系是非常亲密的，我们会一直在她身边。我们都是在职父母，不能时刻地陪伴她，但她却很珍惜大家一起的时间。很多小孩子的问题，根源都来自于他们对自己和父母之间的亲密关系缺乏正确的认知。有的小孩子骄纵，把父母当成奴隶；有的小孩子顽皮，希望得到更多的关注；有的小孩子自闭，觉得自己对父母而言没有价值；有的小孩子倔强，觉得自己被世界抛弃……所有这些问题，只要我们在生活中多一点小小的养育技巧，都可以轻松解决。说到底，小孩子是世界上最脆弱的一群，而当我们被爱蒙蔽了双眼时，他们却成为最难攻陷的堡垒。

具体应该怎么做呢？在女儿还很小的时候，我们在一个酒家吃饭，她非常好动，不停地找东西玩，于是我们故意给她摸一摸热水壶，让她便明白热是什么。以后她到酒家，总是不会碰那热水壶。这样在安全的情况下给孩子理解"危险"，就像人类自己用疼痛神经来保持警醒一样。

此外，孩子对成年人的行为充满好奇。有时候女儿要求和我们做同一件事，在可行的情况下，我会给她尝试。例如：她见我在开奶粉，会要求帮忙，我会鼓励她去做，让她尝试并协助她完成，虽然会把奶粉弄到桌子和地板上，但却很有满足感。很多父母认为孩子还小，害怕孩子把事情弄砸了会带给自己更多的麻烦，所以往往坚决阻止孩子的参与。"不要碰"不停地挂在父母的嘴边，孩子听得多了，也学会不停地说"不"。

了解孩子的能力后，给他们更多的空间去做一些事，甚至协助他们去完成。犯错是很好的一种学习方式，能让孩子从错误中去改正。我不认同教育体制下对孩子只用一种评核标准，赞赏分数高的孩子，忽视分数低的孩子。这么一来便扼杀了孩子的不同个性和思维。

建立良好的亲子关系

现代社会节奏紧张，绝大部分父母都有自己的工作，只能把照顾孩子的责任交给长辈或请保姆。但千万别连教养的责任也交给他人代劳。因为只有我们，才是孩子终生的引路人。只有一步步地看着他们长大，充分了解孩子与自己的不同，我们才能真正给到他们支持。

除了传递信息和了解对方外，更重要的是要建立一种和谐关系，以增进彼此之间的感情。父母必须以积极的态度，细心聆听子女的心声，以子女能接受的表达方式平等地交谈，让子女乐意与父母分享和讨论。

以我自己为例，我是一个倾向 S 型的母亲，扶助性强，总是牺牲自己来满足孩子的需要，希望带给他们安全感。所以在沟通上，感到不满时我常常就是皱皱眉头就过去了。常常是这种情况，我难忍不满责备女儿时，女儿却睁大眼睛无辜地看着我——她根本不知道那样做是不正确的。我需要勇气说出来，不能将情绪与挫折积压在内心，并要果断切实地守住自己所订下的规矩。

最甜蜜的时候，是察觉到自己在外有挫折感，于是跑去向女儿倾诉。女儿用小手托着下巴，很认真地听。我肯向她说，问她的看法，让女儿觉得是被尊重和有价值的。尽管她听不明白，也想不明白，但是她却依然因为能帮到我而快乐。而我呢，任何情绪只要到了女儿面前，好像都变成又香又甜的热巧克力那样暖人肺腑。自从我发现自己的不良情绪，换一种方式就能转化为快乐后，我变得更勇于面对工作上的挑战，也更有干劲了。

我的女儿活泼好动、主动性强，喜欢融入人群之中，所以相对就不是那么懂得谨慎和深入思考问题。与她相处时，我会多用赞赏和鼓励的方式，多给她拥抱和亲吻。更经常地成为她的小玩伴，去满足她的渴求。我经常尝试提出一个问题，然后求教于她，邀请她来一起分析。她不是一个喜欢分析和思考的小朋友，但是因为喜欢与我一起的参与感，更享受我的赞赏，因此渐渐地也很投入其中，逐渐养成分析和思考问题的习惯。这是我在她成长过程中，最大的指引之一。

"上帝说，要有光！于是便有了光。"但是我们不是上帝，不能奢望孩子真的像面团或是橡皮泥，说变就变。有时候心底升起对她隐隐的期望时，我常常想，她真的需要变成那样吗？我应该怎样一步步地引领她前往正确的方向呢？

培养优良的品格

本来是关于我自己的人生，我却用很人的篇幅来写了自己的女儿。教育好下一代，我想这是人类最重要的天职之一，因此社会才会不断前进。我是一个摸着石头过河的初学者，我的所有希望，不是将来她能成为多了不起的人物，而是期待将来她能具备以下这些品格，平安喜乐地生活：乐观、勇气、自信、纪律、坚忍、知足、责任感和爱心。

结尾：培养品格

怎样去培养上面说的这些品格呢？我确实没有一个很好的答案。我也只是刚开始做家长，还没有成熟的成果。但我会参考专家们的建议，并会去了解不同父母的教导方法，我常认为身教重于言教，以身作则，孩子总是会在自己身上明白和学会的。如果自己也缺少这些素质，那最好就是能和孩子一起学习，一起操练，彼此激励。

乐观，用积极的眼光看待人和事物，期望会有最好的结果。这样孩子做事便能积极，遇到困难也会乐观地面对，并能鼓舞他人的斗志。

勇气，迎接生命的每一项挑战，每一次失败后都懂得再次爬起。不能让孩子因为缺乏勇气就只会做容易和便捷的事，就为了舒适、贪婪和称许而作出妥协。

自信，了解自己，不畏惧他人的看法，并愿意运用自己的能力，大胆投入自己的事业。有自信的孩子通过日渐察觉自己的能力，能自我挑战，让自己走出舒适区，并愿意在一些自己没有想过可以成长的地方成长。

纪律，定下目标和实践计划，不断操练，先苦后甜，最后满足。在身体上，孩子若能订下目标和计划，培养辛勤锻炼的习惯，便能得到健康。父母也可以鼓励孩子在学习、工作和人际关系方面去操练纪律。你察看身边那些有点成就的人，一定会发现纪律在他们身上扮演着很重要的角色。相反，那些没有纪律的人，多数达不到目标。

坚忍，在高速世界中需要学习的功课，坚忍能让我们有持续的勇气，让我们谨守纪律，使我们的远景变成事实。相反，如果孩子没有坚忍的心，当他们遇到压力时，便会很容易放弃。

知足的心，俗语说知足常乐，贪婪的心只会求取更多，永远没有满足的止境。能为拥有半杯水而感恩，还是为了只有半杯水而不快乐呢？你希望孩子拥有哪一种心态呢？

责任感，认知和接受自己应该要做的事情，承担事件的责任，并对自己、对别人负责地行动起来。有责任感的孩子能得到别人的信任、认同和支持，并能委以重任。

爱心，懂得爱人和爱自己。爱能使人互相激励和支持，也是一切素质的动力源头。有爱心的孩子，能懂得珍惜生命，让他有动力在人生的旅途上一路向前。

附：企业故事

我创业的起点是在我熟悉的专业领域里，我投入业余的时间，以兼营的性质开始了我的会计服务公司。在没有系统化和公司化的个体户企业里，靠着个人的知识、技能和有限的时间精力，拼命地去完成不可能的任务。那时我终日忙忙碌碌，回报却不成正比，自然也得不到什么成就感。

女儿出世后，我把时间精力都放在照顾和教养女儿上，把企业搁置了一段时间。随着女儿的日渐成长，我需要学习更多的教育知识，期间，发现教育跟事业一样，需要不断去学习和修正。我需要重新去检视自己的企业，重新踏上创业之路。我需要更多的学习去加强自己的能力。

最近我参加了一个有关商业系统的课程，除了获得老师丰富的经验和分享外，还透过参与课程中的游戏去实践创业，也认识到一班志同道合的朋友。他们每人所从事的行业和领域都各有不同，性格上也各有不同，大家却能走在一起互相学习和分享经验，实在是很宝贵的体验。

　　经过三天的学习和体验，我认识了企业的三大元素——态度、系统和模式。通过整合这三大元素，便能创造企业的价值，创造更大的财富。财富不单是指物质，也指精神。许多人，包括我自己在内，都用很多时间在赚钱而不是规划一个值得拥有的人生，每天只会忙碌工作，却牺牲了家人、朋友和健康。

　　我反思了一下自己的创业过程，原来还没有真正做好创业的准备。

　　创业的开始是一个心灵战争，虽要极大的勇气。创业的过程，需要忍耐和坚持，还需要面对失败的勇气。自己现在有很多人所羡慕的稳定工作和收入、不错的员工福利，却要跳出这个安稳舒适的安全区，冒险到一处不确定的地点，还需要付出更多的时间和精力，还不一定有回报，实在是很大的冒险！而如果不能全身心投入，我又凭什么在众多创业者和老同行中脱颖而出呢？宣传中常常说："人人都可创业！"但其实，并不是真的人人都可以背水一战。身上的包袱越多，便越不可能轻装上阵。别人可能会认为：难道你还不满足于目前所拥有的？这确实会使我动摇。我还要学习了解自己，调整自己，培养那份勇气和自信去面对成败，并学会从错误中学习。

　　或许自己把企业经营想得太简单，在完全不知道什么叫商业、什么叫系统时，就草草自立山头，以为凭自己出色的专业知识，丰富的带团经验，可以闯出一片自己的天地。这个市场毕竟早已不是齐分蛋糕的年代了。

不学，永远不知道任何事情要想做好，都蕴含着很大的学问。开间杂货铺，开到像沃尔玛那样，里面的学问差不多也可以写出几本汉英字典那么厚的大作来。

未来，是否真的会做好准备再次创业呢？我不知道。但人的一生，就是因为充满各种变数才会多姿多彩。

最后，让喜乐与你我常伴。

附：黄佩霞女士的 DISCUS 性格分析报告

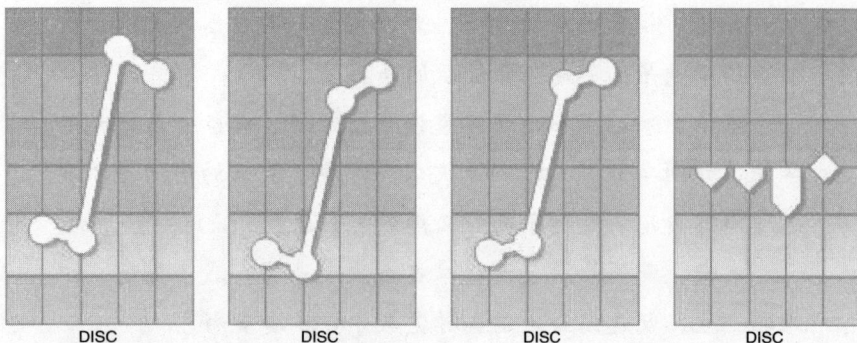

| DISC | DISC | DISC | DISC |

内在分析表

内在分析表的最高点，代表着你最自然真实的内在动机和欲求。这种行为之所以常在你处于压力时显现，是因为你没有"空间"或时间调整行为。

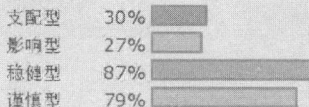

内在因素
支配型 30%
影响型 27%
稳健型 87%
谨慎型 79%

外在分析表

外在分析表描述应试者认为自己应呈现的理想行为。这种图形通常代表个人试图在工作中采用的行为类型。

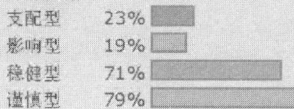

外部因素
支配型 23%
影响型 19%
稳健型 71%
谨慎型 79%

总结分析表

真实世界里，应试者通常会表现出与内在分析表（直觉行为）及外在分析表（视现状调整的行为），这两种分析表一致的行为。总结分析表是这两种描述个人正常行为图形的综合。

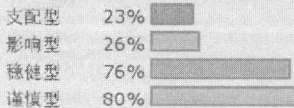

总结因素
支配型 23%
影响型 26%
稳健型 76%
谨慎型 80%

转换模式

转换模式图形显示应试者的内在和外在分析表之间的改变，并凸显应试者正在进行的性格调整。

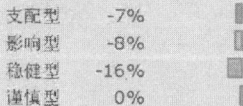

分析表转换
支配型 -7%
影响型 -8%
稳健型 -16%
谨慎型 0%

　　佩霞擅长处理冗长复杂的工作，进而产生惊人的成果，并能专注于细枝末节以及运用她的分析能力使其发挥最大优势。只要她完全了解别人对她的要求，就能足以让人信赖，并且自动自发地尽全力去呈现高品质的成果。

　　佩霞对于自己有相当高的要求，不容许出错。但因此她也不愿意轻易做判断。一种运筹帷幄、幕僚型的特征支配着佩霞，她会希望她的决定是建筑在正确且有事实根据的信息上，并且能广泛地被她的同事及管理层所接受。一旦她的决策被通过，她自己会有很大的压力，需要更多率直的同事帮助她，坚定她的决心执行下去。因此在她的团队里，她会像一个大姐姐不断征询大家的意见，并且乐于把任务做精密的规划和公平的分配。她的公正会让她在执行型的团队中获得敬重。

　　在社交层面，佩霞的友谊需要时间的积累和历练。她虽然足够友善，并且为人着想，但她太需要时间去建立熟悉感，其后才能享受来自他人的支持和陪伴，才能产生良好的互动。佩霞处理自己羞涩感的特点是会以客观专业的态度来做掩饰。她不一定会不说话，但她所提及的可能是一些常人不会注意到的关键细节——这些细节是原本就客观存在的。她通常不会轻易表达自己的观点。

实践家书系 精品推荐

《正道——商业模式决胜未来》（随书附送
价值 8000 元林伟贤课程实况 DVD）

类别：职场　理财

作者：林伟贤

出版社：人民邮电出版社

定价：36 元

内容简介：

本书引用大量图表数据、企业实例，用深入浅出的表述方法，
从商业趋势发展分析、商业模式如何改变、实战中商业模式的演
化三方面，层层递进，严谨求证；力求为产业链低端的中国制造
业企业家们，阐明在未来企业竞争中如何找到自己的生存之道。
本书适合企业经营管理人员阅读。

《人生八大财富——中国企业家群体性格分析》

类别：职场　励志

作者：实践家海洋菁英讲师团

出版社：九州出版社

定价：38 元

内容简介：

物质丰富、精神富足的"富中之富"的
生活才是人生的最高境界。这本书中，实践
家海洋菁英讲师团的成员通过各自的体会，真诚用心地表达了对
"富中之富"概念的理解和体会。参与创作这本书的二十二位作者
来自各行各业，对中小企业和社会人的生活方式有着重要的意义。